# ABITUR-WISSEN BIOLOGIE

Thomas Kappel

# Neurobiologie

STARK

ISBN 978-3-89449-426-1


www.stark-verlag.de
1. Auflage 2000

# Inhalt



*Fortsetzung siehe nächste Seite*

**Autor:** Dr. Thomas Kappel

# Vorwort

Liebe Schülerin, lieber Schüler,

noch steht die neurobiologische **Forschung ganz am Anfang**. Die ersten Erkenntnisse der **Neurobiologie** kommen jedoch bereits in den Bereichen Lernpsychologie, Schuldidaktik, Pharmakologie und Medizin zur praktischen Anwendung. Die erfolgreiche Zusammenarbeit von Informatikern und Biologen eröffnet die **Zukunftsvision** einer kommenden „Neuro-Technologie".

Die Neurobiologie beschäftigt sich mit der **Aufnahme, Weiterleitung und Verarbeitung** von Informationen. Das Bild der Welt wird durch Sinnesorgane bestimmt, die Körperfunktionen werden im Zusammenspiel von Nerven- und Hormonsystem geregelt und Netze aus Nervenzellen bilden die materielle Grundlage für Lernen und Gedächtnis – machen uns zum denkenden Menschen.

Diese Buch wird Ihnen helfen, sich auf den kommenden Unterricht und die bevorstehenden Prüfungen vorzubereiten:
Eine klare Gliederung und aussagekräftige Überschriften geben Ihnen den **unverzichtbaren Überblick** über die komplexen Inhalte. Die einfache Formulierung des Textes, sowie zahlreiche Abbildungen und Tabellen sollen die **Motivation** wecken und erhalten, das **Verständnis** fördern, die Zusammenhänge klären und schließlich **Faktenwissen** kompakt bereitstellen. Das umfangreiche Stichwortverzeichnis und die Randspalte helfen bei der Auffindung und Erklärung der verwendeten **Fachbegriffe**.

Ich wünsche Ihnen unterhaltsame und lehrreiche Lese- und Lernstunden – und vor allem eine erfolgreiche Prüfung!

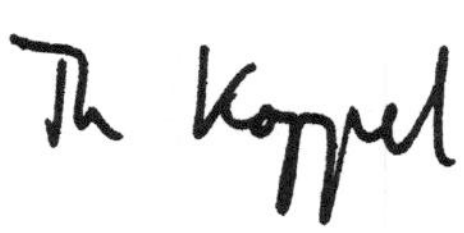

Dr. Thomas Kappel

# Sinne

Eine taube Kobra reagiert auf die sich bewegende Flöte eines Schlangenbeschwörers mit beeindruckenden, tanzenden Bewegungen.

Alle Lebewesen erfahren nur einen sehr kleinen Teil ihrer Umwelt. Sinnesorgane sind nur sehr eng begrenzte Fenster zur Welt und deshalb bleibt auch das „Bild der Welt“ zwangsläufig nur bruchstückhaft.

# 1 Reiz-Reaktions-Ketten

Zu den Merkmalen aller Lebewesen gehören die Reizbarkeit und die Fähigkeit sich zu bewegen. Alle Lebewesen nehmen Informationen auf, leiten sie im Körper weiter, verarbeiten und beantworten diese im Sinne von Selbst- und Arterhalt. Auch der menschliche Organismus existiert nur, weil er in der Lage ist, angemessen auf Reize zu reagieren.

Ein **Reiz** ist eine Energieänderung im Bereich einer Zelle, die in dieser Zelle ein Signal auslöst.

Vielzellige Organismen entwickelten spezialisierte Zellen, um Reize, also wahrnehmbare Informationen aus der Umgebung (Außenreize) und dem eigenen Körper (Innenreize) aufzunehmen.

**Sinneszellen** sind Zellen, die darauf spezialisiert sind, Reize aufzunehmen.

**Nervenzellen** sind für die Aufnahme, Weiterleitung und die Verarbeitung von Reizen zuständig.

**Sinneszellen** übersetzen einen empfangenen Reiz in eine Erregung. Dieses Signal wird von **Nervenzellen** weitergeleitet und verarbeitet. **Muskel- oder Drüsenzellen** sind die reagierenden Ziel- oder Erfolgsorgane. Die Reaktion ist oft direkt als Verhalten zu beobachten, z. B. als Bewegung oder Schweißausbruch.

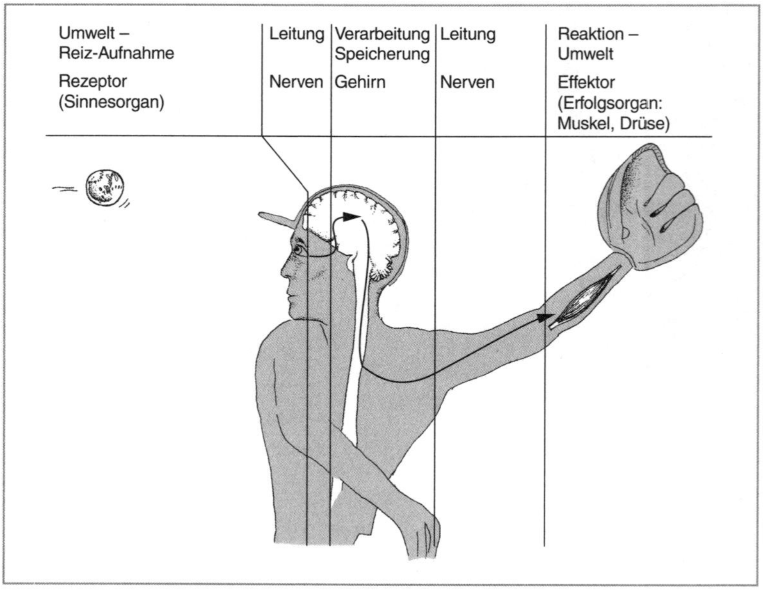


Abb. 1: Beispiel für eine Reiz-Reaktions-Kette.

Unter einer **Reiz-Reaktions-Kette** versteht man die Verknüpfung von Sinneszelle, Nervenzelle und reagierender Zelle im Erfolgsorgan.

**Reaktionszeit** nennt man die Zeit, die zwischen Reiz und der daraufhin erfolgenden Reaktion vergeht.

Kurze Reaktionszeiten sind für Lebewesen wichtig. Es ist geradezu lebensnotwendig, dass das Signal die Reiz-Reaktions-Kette möglichst rasch durchläuft. So gab es z. B. Dinosaurier, die, um die langen Signalwege („lange Leitung“) vom Gehirn zum Schwanz zu verkürzen, ein zweites Nervenzentrum in der Beckenregion besaßen.
Den Start jeder Reiz-Reaktions-Kette bilden **Sinnesorgane**, die der Aufnahme von Reizen aus der Umwelt dienen. Jedes Sinnesorgan besteht aus Sinneszellen und Hilfsstrukturen, wobei die Hilfsstrukturen Reize auffangen, filtern oder verstärken. So fangen beispielsweise die Ohrmuscheln Schallwellen auf und leiten sie an die Hör-Sinneszellen weiter. Welche Bedeutung eine Sinneswahrnehmung für ein Lebewesen hat, kann man häufig aus der Größe oder Qualität eines Sinnesorgans ersehen: Beim höhlenbewohnenden Grottenolm verkümmerten, wie bei vielen in dauernder Dunkelheit lebenden Höhlentieren, die Augen. Die schlecht sehenden Maulwürfe leben in einer dunklen Welt der Geruchs- und Tasterfahrungen. Auch Hunde leben in einer Welt der Gerüche. Die menschliche Erfahrungswelt ist eine Welt des Sehens. Dieses Weltbild wird durch andere Sinneseindrücke abgerundet: Hören, Riechen, Schmecken und Tasten. Für andere Sinneseindrücke mit geringerer Alltagsbedeutung fehlen dagegen die Worte. Es bleibt nur die Umschreibung übrig: Lagesinn und Drehsinn informieren über Erd- und Winkelbeschleunigungen.
Für Schlangen (siehe Kapitelbild), und übrigens auch für Schnecken, spielen Töne keine Rolle. Sie sind taub und müssen sich deshalb über andere Sinneswahrnehmungen orientieren.
Anders als diese real existierenden und messbaren Felder, beziehen sich Begriffe wie bio-energetische Felder und Kräfte oder außersinnliche Wahrnehmungen auf bislang nicht nachweisbare Energieformen. Es gibt bisher, trotz intensiver Forschung, keinen einzigen wissenschaftlich prüfbaren Hinweis auf ihre Existenz oder Wirkung.

**Sinnesorgane** filtern Informationen aus der Umwelt und geben die Reize als Erregungsmuster an Nervenzellen weiter.

# 2 Sinne und Sinneszellen

Ein **adäquater Reiz** ist ein Reiz, auf den nur eine ihm gemäße Sinneszelle anspricht.

**Fotorezeptoren** sind Licht-Sinneszellen.

Sinneszellen sind **Spezialisten**: Sie sind darauf spezialisiert, eine **einzige** Energieform aufzunehmen: z. B. Licht, mechanische oder chemische Energie. Für diesen, „ihren“ adäquaten Reiz besitzen sie eine besonders **niedrige Reizschwelle**. Schon ein besonders geringer Energiebetrag löst eine Erregung aus. So werden z. B. Fotorezeptoren in den Augen schon von winzigen Lichtstärken gereizt. Andere, nicht adäquate Reize (Fremdreize) können eine Sinneszelle nur erregen, wenn die Reizintensität besonders hoch ist. Ein besonders heftiger Schlag auf das Auge führt zum Signal „Sternchen-sehen“.

**Rezeptor-Potenziale** sind Membranspannungen bei erregten Sinneszellen.
→ vgl. Nervenzellen S. 48

**Transmitter** sind Überträgerstoffe.
→ vgl. Nervenzellen S. 58 und S. 61

Sinneszellen sind **Energiewandler**: Sie wandeln überschwellige Reiz-Energie in Erregung um. Eine erregte Sinneszelle erzeugt ein **elektrochemisches Signal**, ein Rezeptor-Potenzial. Dieses elektrische Signal läuft über den Körper der Sinneszelle bis zu einer Stelle, wo Transmitter ausgeschüttet werden. Diese Transmitter lösen in nachgeschalteten Nervenzellen wieder elektrische Signale aus, die ins Gehirn geleitet werden. Im Gehirn ankommende, von adäquaten Reizen ausgelöste Signale unterscheiden sich in nichts von Signalen, die von Fremdreizen herrühren.

**Lux:** lat. *lux* Licht; Einheit der Beleuchtungsstärke.

Sinneszellen sind **Verstärker**: Nimmt eine Sinneszelle einen Reiz auf, so dient diese Reizenergie nur als Auslöser für das weiterzuleitende, elektrochemische Signal. Die Energie zur Signalweiterleitung stammt aus dem Zellstoffwechsel und übersteigt immer die aufgenommene Reiz-Energie. Empfindliche Sinneszellen registrieren Energiebeträge, die 100 000-mal geringer sind als die Energie, die sie zur Erregungsweiterleitung aufwenden. Steigt z. B. die Lichtstärke, die eine Seh-Sinneszelle empfängt, von 10 auf 100 und weiter auf 1 000 Lux, so steigt die weitergeleitete Signalfrequenz von 1 auf 3. Geringste Änderungen der Frequenz codieren also unterschiedlichste Reizintensitäten.

**Sinneszellen** sind Spezialisten, Energiewandler und Verstärker. Ihre Reizschwelle für adäquate Reize ist besonders niedrig. Reizintensitäten werden als Signalfrequenzen codiert.

Die verschiedenen Sinne des Menschen werden durch unterschiedliche Reize angesprochen (siehe Tab. 1).

In der Einheit **Nanometer** (nm) wird u. a. die Wellenlänge des Lichtes angegeben.

Die Einheit **Hertz** (Hz) gibt die Frequenz von Schallwellen an.

| **Sinne** | **Sinneszelle und Sinnesorgan** | **Reiz-Qualität** | **Reiz-Quantität** |
|---|---|---|---|
| **Optische:** | | | |
| Lichtsinn  | Sinneszelle in der Netzhaut der Augen | Elektromagnetische Welle = Farbe;<br>Mensch: 400–700 nm | Lichtstärke |
| **Mechanische:** | | | |
| Gehörsinn  | Sinneszelle im Corti'schen Organ im Innenohr | Schallwelle, Teilchenschwingung, Tonhöhe;<br>Mensch: 20–20 000 Hz | Lautstärke (Druckwelle in Perilymphe → Basilarmembran → schert Sinneszelle) |
| Schweresinn (Lagesinn) 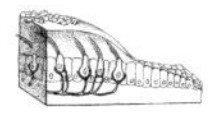 | Sinneszelle im Innenohr (Vorhofsäcke) | Linear- und Erdbeschleunigung | Die Statolithenmembran verschiebt sich und schert Sinneszelle |
| Drehsinn (Bewegungssinn) 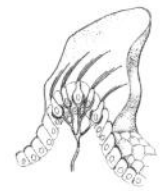 | Sinneszelle im Innenohr (Bogengänge) | Winkelbeschleunigung | Endolymphe strömt und schert Sinneszelle |
| Tastsinn  | Sinnesnervenzellen enden in der Haut | Zug, Druck, Vibration, Schmerz | Mechanische Kräfte (stark/schwach; lang/kurz) |
| Dehnungssinn 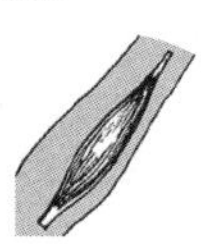 | Sinneszelle in Muskeln (Muskelspindel), Sehnen und Blutgefäße | Dehnung von Muskelfasern (bzw. Sehnen, Gefäßwänden) | |
| **Chemische:** | | | |
| Geruchssinn  | Sinneszelle in der Nasenschleimhaut | Gasteilchen | Teilchenkonzentration |
| Geschmackssinn 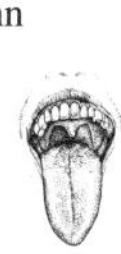 | Sinneszelle in Zunge | gelöste Teilchen | Teilchenkonzentration |

Tab. 1: Übersicht über einige Sinne und deren adäquate Reize beim Menschen.

# 3 Einteilung von Sinneszellen

Es gibt mehrere Möglichkeiten, Sinneszellen einzuteilen:

1. Nach der Energieform des adäquaten Reizes
   Die Zellkörper von Sinneszellen sind häufig zweigeteilt. Neben dem Plasmabereich, in dem sich der Zellkern befindet, besitzen sie ein Segment, dessen Bau von der Energieform abhängt, die die Zelle empfängt (Abb. 2). Sinneszellen, die Lichtreize aufnehmen erkennt man an den lichtempfindlichen Farbstoffen in ihrem Innern. Sinneszellen, die dagegen mechanische bzw. chemische Reize empfangen sollen besitzen zahlreiche kleine bzw. einige auffällige Ausstülpungen des Zellplasmas.

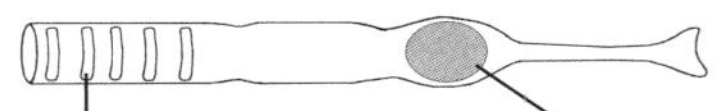

Abb. 2: Schematische Sinneszelle.

2. Nach der Herkunft des Reizes
   - **Extero-Rezeptoren** nehmen Umweltreize wahr. Licht, Geruchsstoffe, mechanische Kräfte oder Wärmestrahlung werden von Extero-Rezeptoren empfangen.
   - **Entero-Rezeptoren** (Proprio-Rezeptoren) nehmen Reize aus dem Körperinnern wahr. Ein Beispiel sind die Nervenzellen des „Stellungssinns", deren freie Nervenendigungen in Muskelspindeln ragen und über den Dehnungszustand der Muskelfasern informieren. Andere Entero-Rezeptoren sind Sinneszellen in den Blutgefäßen, deren Signale vor einer zu hohen Konzentration von Kohlenstoffdioxid im Blut warnen. Auch die Geschmacks- und Hör-Sinneszellen können als Entero-Rezeptoren bezeichnet werden.

**Extero:** lat. *exterior* der Äußere

**Entero:** griech. *entos* drinnen

3. Nach dem Bau der Sinneszelle
   - **Sinnesnervenzelle** nennt man spezielle Nervenzellen, deren freie Nervenendigungen der Reizaufnahme dienen (Abb. 3 A). Ihr Zellkörper liegt teilweise weit entfernt in Nervenknoten von Rückenmark oder Gehirn. Die Signale wandern zum Zellkörper und werden über einen langen Zellfortsatz, einem Axon, zu entfernten, nachgeschalteten Zellen geleitet. Die Entero-Rezeptoren in den Muskelspindeln sind Sinnesnervenzellen.

**Axon** nennt man den zentralen Teil einer Nervenfaser.

- **Primäre Sinneszellen** sind umgewandelte Nervenzellen mit einem langen Axon und besonderen Strukturen zur Aufnahme von Reizen. Geruchs- und Seh-Sinneszellen sind primäre Sinneszellen (Abb. 3 B).
- **Sekundäre Sinneszellen** sind spezialisiert auf die Reizaufnahme (Abb. 3 C). Sie kommen nur in der äußersten Hautschicht bei Wirbeltieren vor und besitzen kein Axon. Die Signale werden von nachgeschaltete Nervenzellen gewissermaßen abgeholt. Beispielsweise sind Geschmacks- und Hör-Sinneszellen sekundäre Sinneszellen.

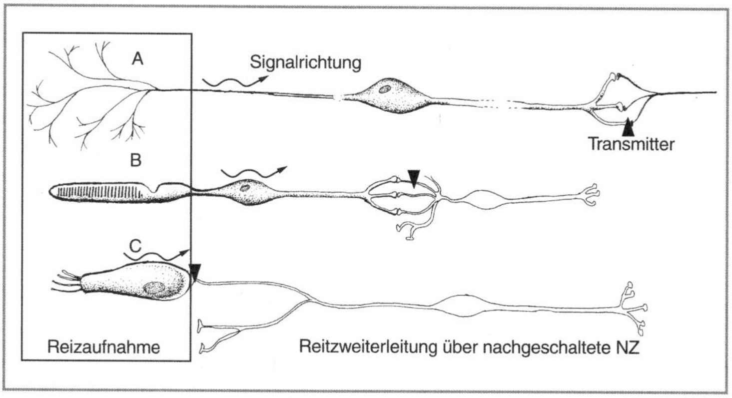


Abb. 3: Sinneszellen mit unterschiedlichem Bau: (A) Sinnesnervenzelle; (B) Primäre Sinneszelle; (C) Sekundäre Sinneszelle.

4. Nach der Auswirkung von Dauerreizung
Reizt man verschiedene Sinneszellen über einen längeren Zeitraum, unterscheiden sich die jeweils weitergeleiteten Signalfrequenzen.
   - **Tonische** Sinneszellen senden anhaltend mit gleichbleibender Signalfrequenz. Schmerz-Sinneszellen quälen z. B. mit ihrem konstanten „Warnruf", etwas gegen die Schmerzen zu unternehmen.
   - **Phasisch-tonische** Sinneszellen senken ihre Signalfrequenz auf ein niedrigeres, aber konstantes Niveau. Die Tast-Sinneszellen „fühlen" dauernd die Kleidung und senden niedere Signalfrequenzen an das Gehirn. Jetzt, da an Kleidung gedacht wird, steigt die Frequenz kurzfristig auf ein höheres Niveau.
   - **Phasische** Sinneszellen „gewöhnen" sich an einen Reiz, sie adaptieren, und versenden weitere Signale nur bei Veränderungen. Betritt man einen Raum, so bemerken die Geruchszellen einen Geruch. Allmählich gewöhnt man sich an diesen Geruch und bemerkt ihn nicht mehr.

Diese „Gewöhnung" bzw. das Abklingen der Signale nennt man **Adaptation**.

# 4 Chemische Sinne

## 4.1 Der Geruchssinn – ein Fernsinn

Die Nasenschleimhaut enthält primäre Sinneszellen, die im Nasenschleim gelöste Gase wahrnehmen. Diese Sinneszellen prüfen die Atemluft und informieren beispielsweise über die Qualität bestimmter Nahrungsmittel. Lange bevor man sich der Reizquelle nähert, informiert der Geruchssinn über deren Existenz. Im Vergleich zu Hunden mit ca. 200 Millionen Geruchs-Sinneszellen wirken die 10 Millionen Geruchs-Sinneszellen des Menschen bescheiden.
Welcher Rolle die Nase bei der Geschmacksbildung zukommt, weiß jeder, der einmal unter Schnupfen litt. Ist die Nase verstopft, verlieren die meisten Speisen ihren Geschmack.

## 4.2 Der Geschmackssinn – ein Nahsinn

Menschen erkennen mithilfe der Zunge die vier Grundgeschmacksarten (Abb. 4). Die Schleimhaut der Zunge enthält sekundäre Sinneszellen, die im Speichel gelöste Stoffe wahrnehmen. Zwischen 4 und 80 Schmeck-Sinneszellen bilden eine Geschmacksknospe (Abb. 5).

**Mikrovilli** sind elektronenmikroskopisch erkennbare, fingerförmige Zellfortsätze.

Eine **Synapse** ist die Kontaktstelle von Nervenzellen auf nachgeschaltete Zellen.

**Papillen** sind warzenförmige Hauterhebungen.

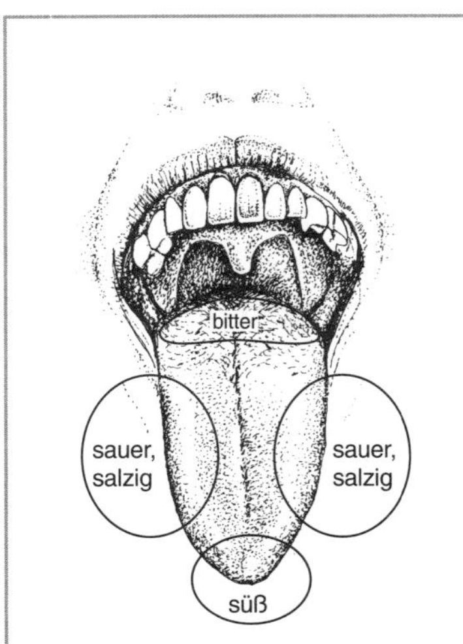


Abb. 4: Die verschiedene Geschmacksarten: bitter, sauer, salzig und süß.

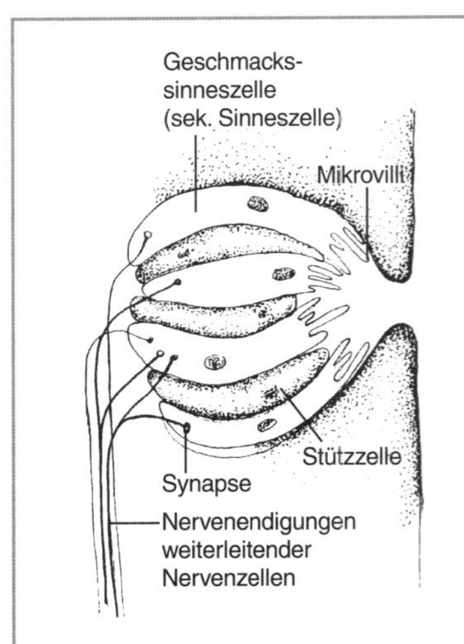


Abb. 5: Zungenpapillen tragen Geschmacksknospen.

# 5 Mechanische Sinne

## 5.1 Der Tastsinn

Je nach Körperteil liegen mehr oder weniger Sinneszellen zur **Druckwahrnehmung** in der Haut. Viele Druckpunkte in einem Hautbezirk führen dazu, dass dieser Teil des Körpers besonders empfindsam für Berührungen ist. So können mit den Fingerkuppen zwei Berührungsreize getrennt wahrgenommen werden, die nur ca. 2 mm voneinander getrennt einwirken. Man spricht hier von einem hohen Auflösungsvermögen für mechanische Reize (Tab. 2). Berührt man hingegen am Rücken zwei Stellen, die näher als ca. 70 mm beisammen liegen, so wird diese Berührungen nur als ein Reiz empfunden.

| | **Auflösungsvermögen für mechanische Reize [mm]** | **Druckpunkte pro $cm^2$ Haut** |
|---|---|---|
| Fingerkuppe | 2 | 200 |
| Lippe | 4 | 50 |
| Arm | 40 | 40 |
| Rücken | 70 | 10 |

Tab. 2: Unterschiedliche Dichte von Druckpunkten in der Haut.

Das **Seitenlinienorgan** von Fischen und Lurchen dient der Wahrnehmung von Strömungsänderungen des Wassers.

Ein spezielles Beispiel für einen Ferntastsinn ist das **Seitenlinienorgan** der Fische. Fische besitzen eine auffallende Linie an ihren Flanken. Das nach außen sichtbare Seitenlinienorgan dient zur Strömungswahrnehmung. Es besteht aus einem Kanal unter der Haut, der über Poren mit dem Wasser verbunden ist. In den Kanal ragen Gallertkuppen, die von vorbeiströmendem Wasser je nach Richtung und Stärke der Strömung geschert werden. Diese Scherkräfte empfangen sekundäre Sinneszellen, deren Zellfortsätze in die Gallertkuppel ragen.

## 5.2 Der Gleichgewichtssinn von Wirbellosen

**Statocyste:** griech. *statos* stilstehend, *kystis* Blase

Quallen, Weichtiere und Krebse nehmen die Richtung der Schwerkraft mittels **Statocysten** wahr (Abb. 6). Eine Statocyste ist ein flüssigkeitsgefüllter Hohlraum, in dem ein Schwerestein (Statolith) liegt. In der Wand des Statocysten-Hohlraumes sind Sinneszellen eingebettet, die auf Verbiegungen reagieren. Ändert sich die Raumlage des Tieres, so drückt der Schwerestein auf andere Sinneszellen.

**Cilien** sind Wimpern mit typischem Proteinaufbau.

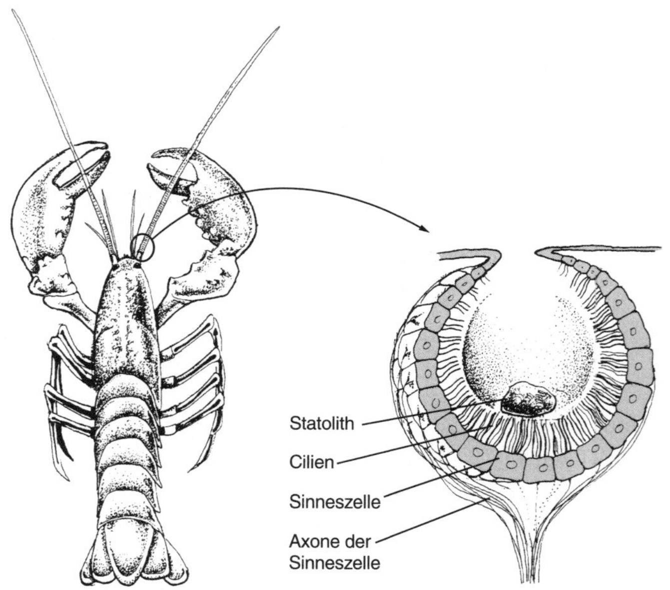


Abb. 6: Statocyste am Antennenende eines Hummers.

## 5.3 Der Schweresinn – ein Lagesinn

**Endolymphe:** griech. *endon* innen; *lymphe* Wasser

Eingebettet im Schädelknochen der Säugetiere liegt das **Labyrinth**. Dieses Labyrinth ist ein kompliziert gebautes Gebilde, angefüllt mit einer „Flüssigkeit im Inneren" – der so genannten Endolymphe. Das Labyrinth besteht aus drei Bogengängen, der Schnecke und einem zweigeteilten Vorhof (Abb. 7). Im Labyrinth liegen die Organe des Schwere-, Dreh- und Gehörsinnes.

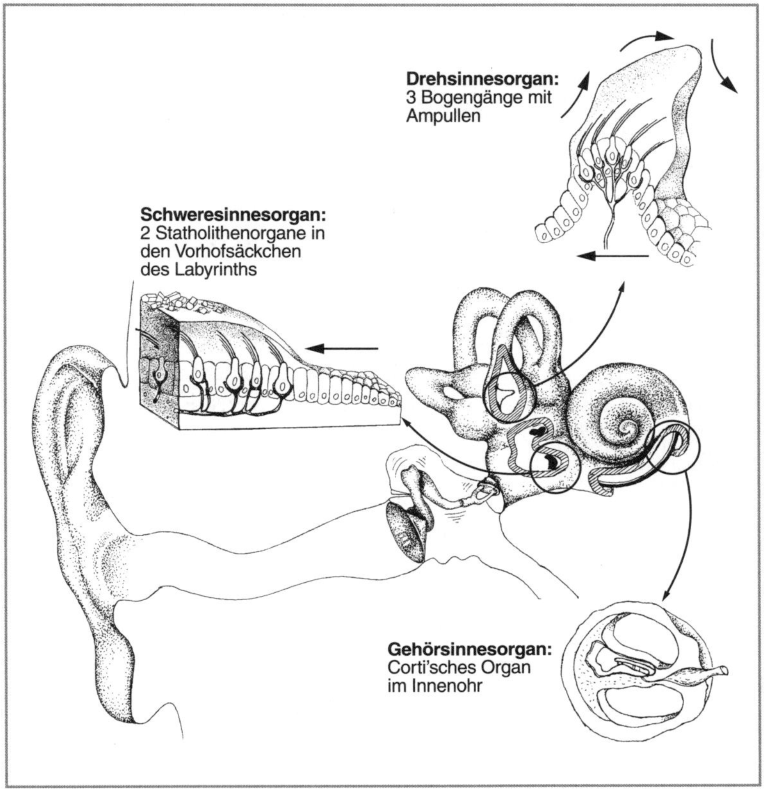


Abb. 7: Labyrinth mit Organen des Schwere-, Dreh- und Gehörsinn.

Das **Corti'sche Organ** dient der Aufnahme von Schallwellen; benannt nach dem italienischen Arzt Corti.

Im Vorhof befinden sich zwei Schweresinnesorgane. So ein Schweresinnesorgan besteht aus Sinneszellen, die in Sinnespolstern beisammen sitzen und deren Zellfortsätze in ein Gallertkissen ragen. In das Gallertkissen sind Kalkkristalle („Schweresteinchen") eingelagert. Dieses Kissen bezeichnet man deshalb auch als Statolithenmembran. Die Statolithenmembran wird durch eine veränderte Richtung der Schwerkraft zur Seite gezogen, z. B. wenn sich der Kopf neigt. Die Sinneszellen erfahren Scherkräfte und melden diese Abweichung von der Senkrechten ins Gehirn.

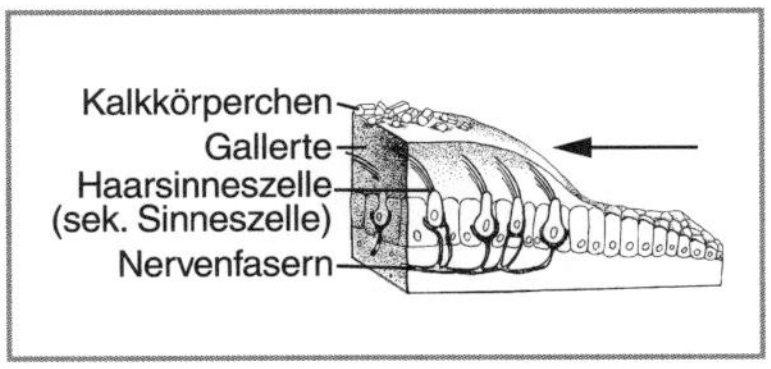


Abb. 8: Schweresinnesorgan.

## 5.4 Der Drehsinn – ein Bewegungssinn

Die **Cupula** ist eine kuppelartige, leicht bewegliche Gallertmasse in den drei Bogengängen.

**Massenträgheit** ist die Eigenschaft der Masse, auf eine äußere Einwirkung verzögert zu reagieren. Die Endolymphe ist also bestrebt, ihren Bewegungszustand beizubehalten.

Im Labyrinth, an der Basis der drei senkrecht zueinander stehenden Bogengänge, sind diese zu den Ampullen des Drehsinns erweitert. Hier sitzen viele Sinneszellen in Sinnespolstern beisammen. Ihre Cilien ragen in fahnenartige Gallertkissen. Bewegt sich der Kopf, bleibt die Endolymphe aufgrund der Trägheit der Massen hinter der Kopfbewegung zurück. Die dabei entstehende Strömung biegt die Gallertkissen und schert die Sinneszellen. Bewegungen bzw. Winkelbeschleunigungen in alle drei Raumrichtungen werden von den Drehsinnesorganen der drei Bogengänge erfasst und im Gehirn verrechnet.

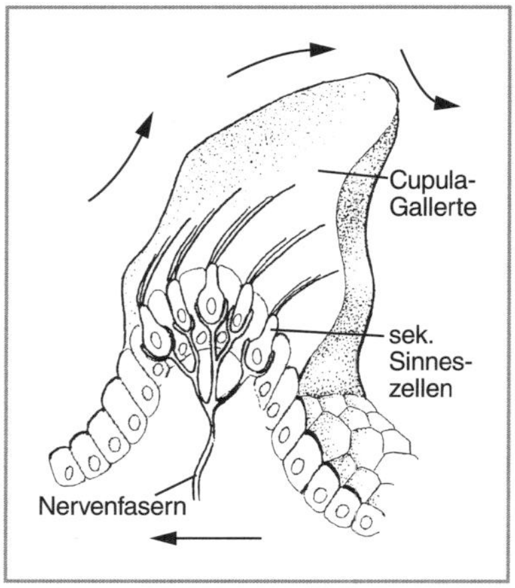


Abb. 9: Drehsinnesorgan.

## 5.5 Die Mehrsinnes-Orientierung

Für die Orientierung im Raum betreiben viele Lebewesen eine **Mehrsinnes-Orientierung**: Augen, Schweresinnesorgane, Drehsinnesorgane, Sinnesnervenzellen in der Haut und Enterorezeptoren in Muskeln und Sehnen liefern jeweils nur Teilinformationen. Im Gehirn werden die einzelnen Signale verrechnet. Erhält das Gehirn widersprüchliche oder zu wenige Informationen wirkt sich dies in Orientierungslosigkeit, Schwindel und Übelkeit aus.

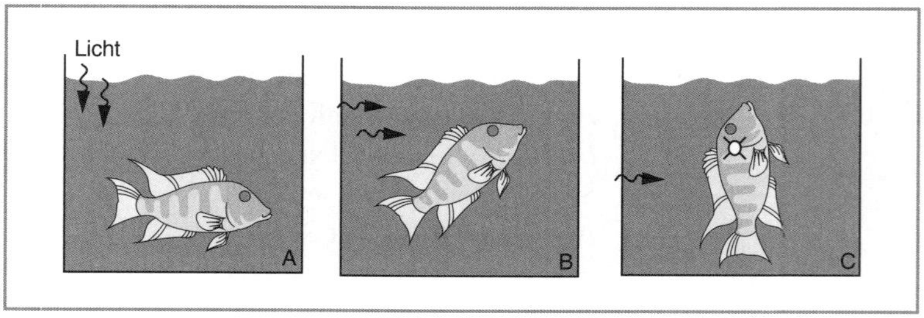


Abb. 10: Experimente zur Mehrsinnesorientierung.

Tatsächliche Schwerelosigkeit oder eine in Parabelflügen simulierte Schwerkraft empfinden Menschen anfangs als extrem unangenehm. Fische, die sich an Schwerkraft und Licht orientieren, kann man mittels Lampe oder Zentrifuge einfach manipulieren (Abb. 10 A). Man stellt eine Lampe neben das Becken – der Fisch schwimmt schräg – er errechnet einen Kompromiss (Abb. 10 B) aus dem Licht oben und der Schwerkraft unten. Entfernt man einem so gehaltenen Fisch das Innenohr bzw. die Statolithen, orientiert sich dieser nur nach dem Licht und er steht im Wasser (Abb. 10 C).

## 5.6 Der Gehörsinn

Der Gehörsinn basiert auf der Wahrnehmung von Teilchenschwingungen, die im Innenohr in Scherkräfte umgewandelt werden und dort Hör-Sinneszellen erregen.

Hörbare Dinge wie z. B. Stimmgabeln, Gitarrensaiten, das Fell einer Trommel oder Stimmbänder schwingen. Der Ausschlag der Schwingung wird als Lautstärke empfunden, die Frequenz der Schwingung als Tonhöhe. Gewöhnlich hört der Mensch Schallwellen im **Frequenzbereich von 20–21 000 Hz**, die sich mit einer Schallgeschwindigkeit von 330 m/sec in der Luft ausbreiten. Je nach Medium verändern sich die Leitungsgeschwindigkeit oder Frequenz von Schallwellen. Deshalb lauschten Indianer an gut leitenden Eisenbahnschienen, verändert sich die Stimme wenn man Helium einatmet oder wenn man unter Wasser spricht. Mit verschlossenen Ohren hört man nur die eigene Stimme, und empfindet sie als fremd und ungewohnt. Der Ton einer Stimmgabel, die einem an die Stirn gehalten wird, klingt verändert. In beiden Fällen breitet sich der Schall über die Schädelknochen aus und gelangt zum Innenohr.

**Die Frequenz** gibt die Schwingungszahl pro Zeiteinheit (Sekunde) an.

Wenn man den **Weg der Schallwellen** durch das Ohr verfolgt, so passiert man die Stationen Außen-, Mittel- und Innenohr (Abb. 11). Wie das Fell einer Trommel schwingt das Trommelfell, wenn Schallwellen darauf treffen. Die Schwingung wird auf die Hörknöchelchen übertragen. Die **Hörknöchelchen** Hammer, Amboß und Steigbügel liegen in der kirschgroßen, luftgefüllten Kammer des Mittelohrs. Sie bilden ein System zur Weiterleitung und zweifachen Verstärkung der Schwingung des Trommelfells. Der Hebel aus Hammer und Amboß verstärkt den Schalldruck und die Schwingung des Trommelfells wird vom Steigbügel auf die ca. 20-mal kleinere Fläche des ovalen Fensters übertragen, wodurch eine Druckverstärkung erreicht wird.

**Eustachi'sche Röhre:** Verbindung zwischen Mittelohr und Mundraum; benannt nach dem ital. Anatom Bartolomeo Eustachi (1520–1574).

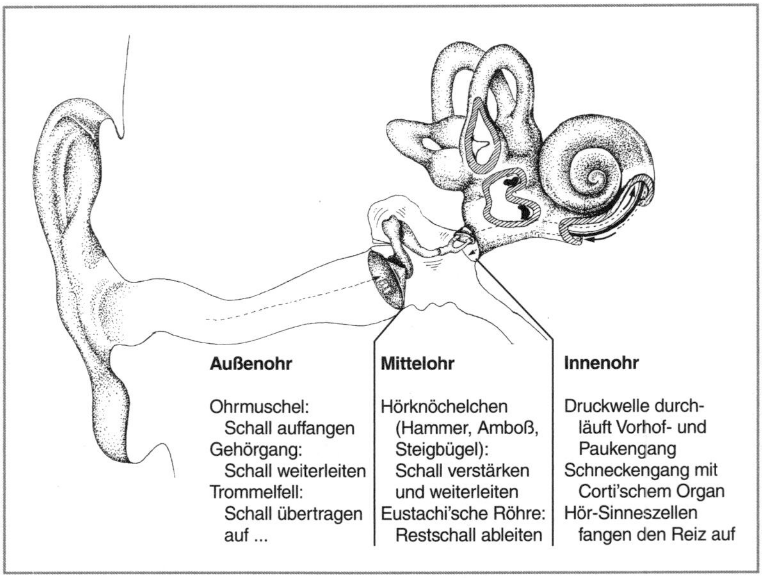


Abb. 11: Darstellung von Außen-, Mittel- und Innenohr und deren wichtigste Aufgaben. Die Pfeile verdeutlichen den Weg des Schalls.

Im Querschnitt erkennt man, dass die Schnecke aus drei parallel verlaufenden Gängen besteht (Abb. 12 A).

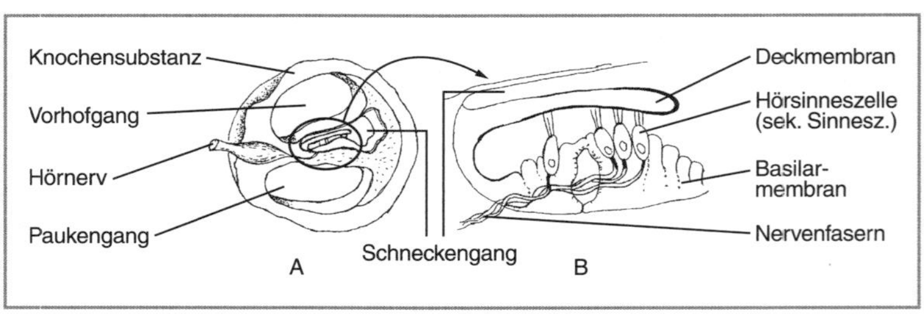


Abb. 12: Schnitt durch eine Windung der Schnecke.

**Perilymphe:** griech. *peri* um, herum

Der mittlere Gang, der Schneckengang, ist wie das restliche Labyrinth mit **Endolymphe** gefüllt. Darüber verläuft der Vorhofgang und darunter der Paukengang. Vorhof- und Paukengang sind an der Schneckenspitze verbunden und mit der das ganze Labyrinth „umgebenden Flüssigkeit", der **Perilymphe**, gefüllt. Erreicht der Schall das ovale Fenster, wird er auf die Perilymphe im Vorhofgang übertragen. Die Druckwelle durchläuft die Perilymphe bis in die Schneckenspitze und zurück über den Paukengang bis ans runde Fenster. Lärm, also starke

Druckwellen, werden aus dem Mittelohr durch die Ohrtrompete, die Eustachi'sche Röhre, in den Rachen- bzw. Mundraum abgeleitet.
Den Boden bzw. die Basis des Schneckenganges bildet die elastische Membran, die so genannte **Basilar-Membran**. Jede vorbeiziehende Druckwelle versetzt eine ihrer Schallfrequenz entsprechende Stelle der Basilar-Membran in Schwingungen. Wie Finger die Tasten eines Klaviers anschlagen, so buchtet jede Schallwelle die Basilar-Membran an einer charakteristischen Stelle aus: Nahe dem ovalen Fenster wird die hier dünne Basilar-Membran von kurzen Schallwellen, also hohen Tönen bewegt. Hin zur Schneckenspitze wird die Basilar-Membran dicker und nur sehr tiefe Töne lösen noch Schwingungen aus.

Unser Hörorgan, auch **Corti'sches Organ** genannt, wird aus Basilar- und Deckmembran, Endolymphe und Hör-Sinneszellen, gebildet.

**Amplitude:** Schwingungsweite einer Welle bzw. Maximalausschlag einer Schwingung.

Schallwellen werden von Hilfsstrukturen zugeführt und verstärkt. Hier im **Corti'schen Organ** bewirken sie nun eine amplituden- und frequenzabhängige Verschiebung der Basilar-Membran bezüglich der genannten Deckmembran (Abb. 12 B). Auf der Basilar-Membran, umspült von Endolymphe, befinden sich Hör-Sinneszellen mit Zellfortsätzen. Diese Zellfortsätze ragen nach oben zur Deckmembran und ankommende Schallwellen verbiegen also die Zellfortsätze. Diese Scherbewegung löst die Erregungsbildung in den betroffenen Hör-Sinneszellen aus. Als typische sekundäre Sinneszellen setzen sie am Zellkörper Transmitter frei. Nervenzellen des Hörnervs registrieren diese Botenstoffe und leiten das Signal ins Gehirn.
Am empfindlichsten sind unsere Ohren für Frequenzen im Bereich der menschlichen Sprache zwischen 1 000 und 3 000 Hz. Selbst winzigste Auslenkungen des Trommelfells von ca. **0,1 nm** werden in Hörempfindungen umgewandelt. Höhere und tiefere Töne brauchen höhere Intensitäten um die Hör-Sinneszellen im Corti'schen Organ zu erregen. Die obere Hörgrenze eines Menschen liegt im Kindesalter bei ca. 21 000 Hz und sinkt im Laufe des Lebens. Die obere Hörgrenze von Hunden dagegen liegt bei über 100 000 Hz – Fledermäuse und Delfine erreichen sogar 200 000 Hz.
Um die **Richtung** einer Schallquelle zu bestimmen, werden zwei Ohren gebraucht. Da die Ohren eine Kopfbreite weit voneinander entfernt sind, kann es zu minimalen Unterschieden bezüglich Intensität und Ankunft eines akustischen Reizes kommen. Diese Unterschiede reichen dem Gehirn, um die Richtung einer Schallquelle zu bestimmen.

Störungen dieses „Hochleistungs-System“ werden als **Hörschäden** erlebt. Einige mögliche Ursachen für Hörschäden, die von leichter Schwerhörigkeit bis hin zur Taubheit reichen, sind im Folgenden aufgeführt:

- **Mittelohr-Entzündung:** Durch die Eustachi'sche Röhre können Keime ins Mittelohr eindringen. Der sich im Mittelohr bildende Eiter kann durch Erhöhung des Druckes zum Platzen des Trommelfells führen.
- **Altersschwerhörigkeit:** Verhärtet sich die Basilar-Membran am Schneckenanfang, werden hohe Töne unhörbar.
- **Nervöse Schäden:** Defekte im Hörnerv oder Gehirn können völlige Taubheit verursachen.
- **Zerstörung der Hör-Sinneszellen:** Kurzfristige Lärmbelastung ab ca. 100 dB und langfristiger Lärm ab ca. 70 dB bewirkt die irreversible Zerstörung unserer Hör-Sinneszellen. Dies kann zur vollständigen Taubheit für gewisse Frequenzen führen.

**dB:** ( = das Dezibel) Maßeinheit für die Dämpfung von Schwingungen bzw. für die Lautstärke.

Wir können uns nicht an Lärm gewöhnen. Lärm löst **Stresssymptome** aus. Bei Lerntests zeigt sich, dass Lärm konzentrationssenkend und leistungsmindernd wirkt. Lärmschutz bedeutet Lärmverminderung oder -abschirmung.

**Stress** ist der Zustand einer anhaltenden Belastung des Organismus durch Überbeanspruchung oder schädliche Reize. → vgl. S. 135 f.

# 6 Lichtsinne

## 6.1 Einfache Lichtsinnesorgane

Im Spektrum der elektromagnetischen Strahlung liegt im Wellenlängenbereich von ca. 400 nm bis ca. 700 nm, also zwischen energiereicherem Ultraviolett und energieärmerem Infrarot, der kleine Strahlungsbereich, den unsere Augen wahrnehmen.

**Licht** sind für Menschen sichtbare elektromagnetischen Strahlen.

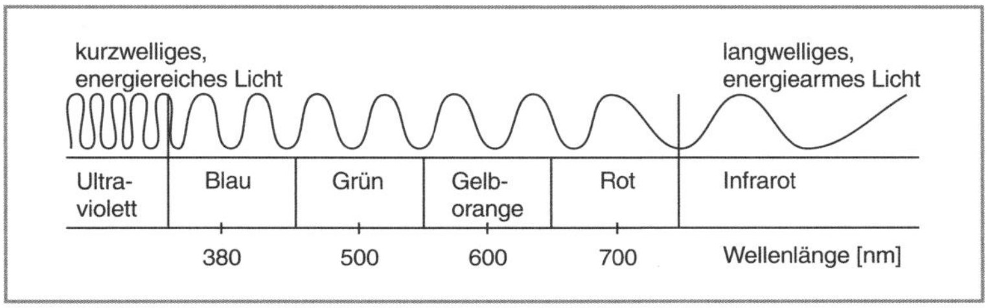


Abb. 13: Spektrum der elektromagnetischen Strahlung.

**Absorption** ist die Energieschwächung von Strahlung beim Durchdringen von Materie.

**Sichtbare Körper** sind selbstleuchtend, reflektierend oder streuen Lichtstrahlen. Viele Stoffe absorbieren einzelne Frequenzbereiche und reflektieren Strahlungen anderer Wellenlängen. Beispielsweise absorbieren grüne Blätter nur blaues bzw. rotes Licht, das sich im Spektrum links bzw. rechts von Grün befindet.

**Evolution** ist eine allmähliche Entwicklung (besonders die der Lebewesen zu höheren Formen).

**Epithelien** sind Zellschichten, die innere und äußere Körperoberflächen begrenzen.

**Pigmente** sind Farbstoffe.

Um Licht wahrzunehmen, entwickelte die Natur eine Vielzahl verschiedener Lichtsinnesorgane. Aus evolutionsbiologischer Sicht betrachtet fällt einem als Prinzip die Weiterentwicklung im Sinne einer Leistungssteigerung auf: Die vermutlich ersten Lebewesen, die Licht wahrnehmen konnten, lebten vor ca. 1,5 Milliarden Jahren. Durch Konzentration von Sinneszellen zu Sinnesepithelien sowie durch die Entwicklung von Hilfsstrukturen wie z. B. stabilisierenden Bindegeweben, abschirmenden Pigmentzellschichten oder lichtbrechenden Einrichtungen entstanden immer leistungsstärkere Lichtsinnesorgane.

| Bezeichnung | Lichtsinnesorgane | Kurzbeschreibung |
|---|---|---|
| Hautlichtsinn | 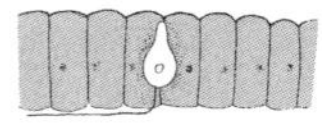 | Ringelwürmer haben verstreut in der Haut liegende primäre Sehzellen. Diese ermöglichen Hell- und Dunkelsehen und die Unterscheidung von **Lichtintensitäten**. |
| Flachauge | 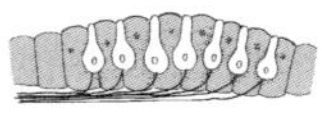 | Quallen und Seesterne besitzen geschlossene Batterien von Sehzellen und damit das erstes Lichtsinnesepithel. Dieser Augentyp erlaubt ein unvollkommenes **Richtungssehen**. |
| Pigmentbecher-auge | 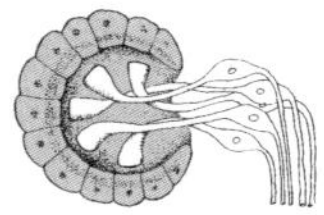 | Bei verschiedenen Würmern, z. B. Strudelwürmern liegen die Lichtsinnesepithelien in Versenkungen der Haut. Oft sind diese Versenkungen mit Pigmentzellen ausgekleidet. Diese Einschränkung des Sehfeldes erlaubt ein verbessertes Richtungssehen und erstmals das Sehen von **Bewegungen**. |
| Grubenauge | 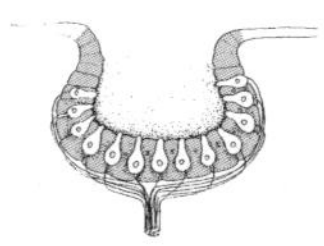 | Bei der Napfschnecke *Patella*, einem Weichtier, ist die Versenkungen der Sehzellen so tief und die Öffnung des Pigmentbechers – also der Lichteinlass – so stark verengt, dass Bewegungen besser gesehen werden. Die Bilder sind **lichtstark und unscharf**. |
| Blasenauge = Lochauge | 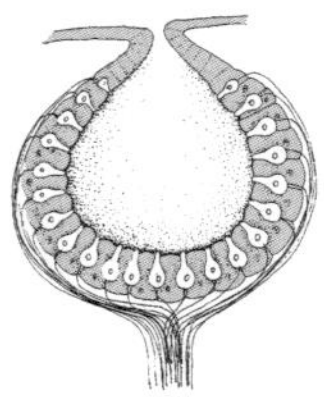 | Bei anderen Weichtieren wie dem Perlboot-Tintenfisch *Nautilus* und der Seeohrschnecke *Haliotis* ist die Öffnung des Auges zu einem Sehloch minimiert. Dieses Sehsytem projeziert ein umgekehrtes Bild auf den Augenhintergrund. Dieses Bild ist recht **scharf** aber auch sehr **lichtschwach**. Besitzer von Lochaugen sehen **Bewegungen** gut und können **Formen** erkennen. |

Tab. 3: Einfache Lichtsinnesorgane.

## 6.2 Das Linsenauge – unterschiedliche Bautypen

Erst Augen mit lichtbrechenden Einrichtungen ergeben eine sowohl scharfe als auch lichtstarke Abbildung. Lichtbrechende Hilfsstrukturen konzentrieren Lichtstrahlen. So werden also die Bild-Helligkeit des Grubenauges mit der Bildschärfe des Blasenauges kombiniert.

**Linsenaugen** sehen hell und scharf.

## Facettenauge

Eine **Facette** ist eine kleine, eckig geschliffene Fläche bei Edelstein oder Glas.

**Ommatiden:** griech. *omma* Auge

Die **Cornea** ist eine Linse aus Chitin.

**Rhabdom:** griech. *rhabdos* Stab

Die meisten Gliedertiere, wie z. B. Insekten und Krebse, besitzen zwei **Facetten- oder Netzaugen**. Jedes Facettenauge besteht aus vielen Einzeläuglein (Ommatiden), wobei das Auflösungsvermögen eines Facettenauges mit der Anzahl der Äuglein steigt. Beispielsweise besitzt ein Bachflohkrebs nur 6, eine Drosophila-Fruchtfliege 700, eine Honigbiene 7 000 und ein Flugkünstler wie die Libelle ca. 30 000 Äuglein. Wie eine Trichter umgibt eine sechseckige Hülle aus Pigmentzellen jedes Äuglein. Diese Abschirmungen sorgen für eine Aufrasterung des Bildes. Einfallendes Licht wird von der Cornea und darunter liegenden Zellen gesammelt und zu den acht Seh-Sinneszellen geleitet, die um die zentrale Achse des Äugleins gruppiert sind. Dieser Achse zugewandt besitzt jede der Seh-Sinneszellen eine stark gefaltete Membran. In diesen Membranfalten lagern die lichtempfindlichen Sehfarbstoffe. Alle Membranfalten der Seh-Sinneszellen bilden den zentralen Sehstab, das Rhabdom.

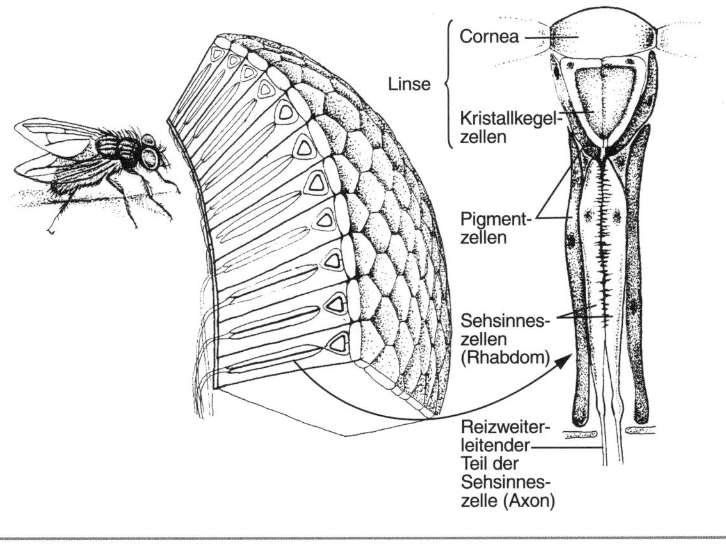


Abb. 14: Komplexauge aus Einzelaugen.

Vergleicht man die Leistungen der Augen von Mensch und Honigbiene, finden sich deutliche Unterschiede.

Eine **Bogenminute** ist der 60ste Teil des Winkelgrades.

| | Honigbiene | Mensch |
|---|---|---|
| räumliches Auflösungsvermögen | 2 getrennte Bildpunkte verschmelzen ab einem Winkelgrad | 2 getrennte Bildpunkte verschmelzen ab einer Bogenminute |
| zeitliches Auflösungsvermögen | ca. 200 Bilder (Reize) /sec können als getrennte Lichtsignale erkannt werden | ca. 1 – 20 Bilder (Reize) /sec können als getrennte Lichtsignale erkannt werden |
| Grenzen des wahrnehmbaren Spekrums | Farbwahrnehmung: 300 – 650 nm Blau-, Gelb-, UV-Rezeptoren | Farbwahrnehmung: 400 – 760 nm Blau-, Grün-, Rot-Rezeptoren |
| Polarisiertes Licht der Sonne | Schwingungsebene erkennbar | Schwingungsebene nicht erkennbar |

Tab. 4: Leistungsvergleich: Facettenauge – Inverses Linsenauge.

**Polarisiertes Licht** zeigt eine bestimmte Ausrichtung der Schwingungsebene senkrecht zur Ausbreitungsrichtung.

Beim **Appositionsauge** sind die einzelnen Ommatiden durch Pigmentzellen getrennt.

Es gibt zwei Bautypen von Facettenaugen: Taginsekten besitzen **Appositions-Facetten-Augen**. Nachtinsekten und Krebse besitzen **Superpositions-Facetten-Augen**. Die Besonderheit der Superpositions-Facetten-Augen ist, dass die Pigmentabschirmung der Ommatiden nicht dauerhaft und nicht vollständig ist. Bei Dunkelheit kann das Pigment zusammengezogen werden. Die geringe Lichtintensität wird von mehreren Äuglein gemeinsam gesammelt. Das Mosaikbild, das im Gehirn entsteht, ist zwar unschärfer, aber viel heller.

## Everses Linsenauge (Tintenfischauge)

Die direkte Entwicklungslinie von Grubenauge und Blasenauge setzte sich im **eversen Linsenauge** der Tintenfische (siehe Abbildung 15) fort.

Beim **eversen Linsenauge** sind die Lichtsinneszellen mit der lichtempfindlichen Seite zum Licht gerichtet.

Unter **Homologie** versteht man eine Ähnlichkeit, die auf einem einheitlichen Bauplan beruht. Dies deutet auf eine gemeinsame Abstammung hin.

Die Lichtsinnesorgane von Perlboot-Tintenfisch *Nautilus* und von modernen Tintenfischen wie Sepia oder Riesenkalamar sind homolog. Das enge Sehloch („Pupille") des Tintenfischauges ist mit einem lichtbrechenden Epithel verschlossen („Hornhaut"). Der Lichteinfall ins Auge wird über eine Blende („Iris") kontrolliert.

Die Augenblase enthält eine Linse und eine gallertige, lichtbrechende Substanz („Glaskörper“). Einfallendes Licht passiert die Hornhaut, die Linse, das Auginnere und trifft danach **direkt** auf die Sehsinneszellen. Diese leiten die Signale weiter über den Sehnerv ins Gehirn. Das Tintenfischauge entwickelt sich in der Embryonalentwicklung vollständig aus der Außenhaut – ektodermal-epidermal.

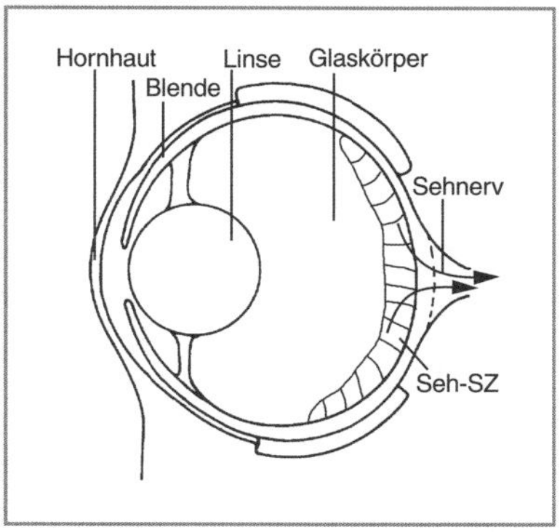


Abb. 15: Schematischer Längsschnitt durch ein Tintenfischauge.

**Ektodermal:** Dem Keimblatt Ektoderm zugeordnet.

**Epidermal:** Der Außenhaut zugeordnet.

## Inverses Linsenauge (Wirbeltierauge)

Wirbeltiere sind neben Gliedertieren und Weichtieren die dritte Gruppe von Tieren, deren Augen die Lichtstrahlen mit einer Sammellinse konzentrieren, um lichtstärkere Bilder zu bekommen. Das Linsenauge der Wirbeltiere zeigt zwar Analogien zum eversen Linsenauge der Tintenfische hat aber zwei grundlegende Unterschiede: Zum einen entsteht das Wirbeltierauge teilweise aus Nervengewebe des Embryos – also ektodermal-neural und ektodermal-epidermal. Zum anderen weist es einen eigentümlichen „Konstruktionsfehler“ auf: Einfallende Lichtstrahlen treffen **nicht** zuerst auf die Sinneszellen, sondern müssen zuerst mehrere Schichten von verschaltenden und ableitenden Nervenzellen passieren. Dieser im Vergleich zum Tintenfischauge umgekehrte a,lso inverse Aufbau macht das Wirbeltierauge zu einem so genannten **inversen Linsenauge**.

Unter **Analogie** versteht man eine Ähnlichkeit, die auf einer vergleichbaren Funktion beruht. Dies deutet nicht auf eine gemeinsame Abstammung hin.

**Neural:** Dem Nervensystem zugeordnet.

Beim **inversen Linsenauge** sind die Lichtsinneszellen mit der lichtempfindlichen Seite vom Licht weggerichtet.

# 7 Lichtsinn des Menschen – ein Modell im Vergleich

Die Augen sind die bedeutendsten Sinnesorgane des Menschen. Da diese gut erforscht sind, lassen sich daran exemplarisch Zusammenhänge zwischen makroskopischen und mikroskopischen Strukturen eines Sinnesorgans und deren Funktionen aufzeigen.

## 7.1 Bau des menschlichen Auges

Als **dioptrische Hilfsstrukturen** werden alle Bestandteile des Auges bezeichnet, die an der Lichtbrechung beteiligt sind.

Die Vielfalt der „Bauteile“ lässt sich leichter überschauen und erlernen, wenn man z. B. Schutzeinrichtungen wie Brauen und Wimpern oder mechanische und dioptrische Hilfsstrukturen gesondert betrachtet und ihre Funktionen bedenkt (Abb. 16).

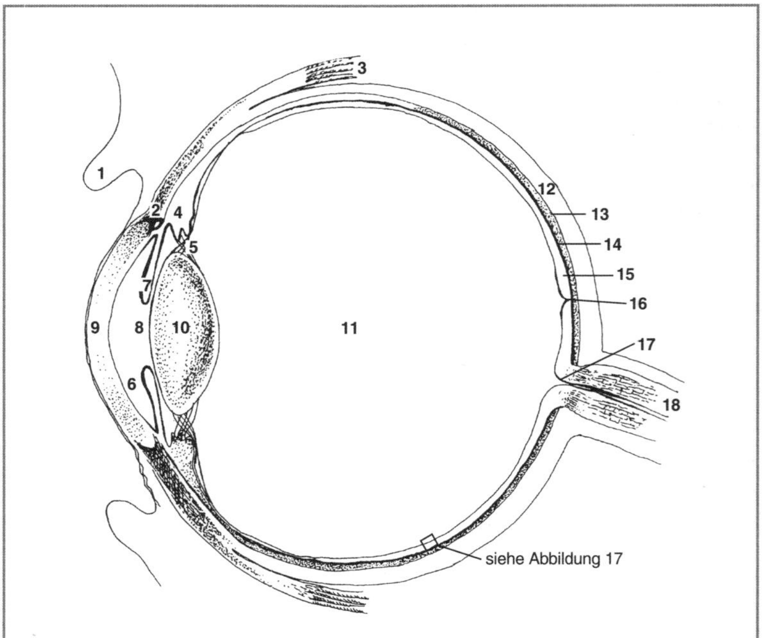


Abb. 16: Querschnitt durch ein menschliches Auge.

**Mechanischer Apparat:**
1. Augenlider: Schutz vor Staub bzw. starker Lichteinwirkung durch den Lidschlussreflex und Trockenheit (Flüssigkeitsverteilung)
2. Tränendrüse: Produktion von Tränenflüssigkeit
3. Lidmuskel: Bewegung der Augenlider
4. Ciliarmuskel: Verankerung der Linsenbänder; Regulation der Brechkraft der Linse
5. Linsenbänder (Zonulafasern): Verbindung zwischen Linse und Ciliarmuskel
6. Vordere (u. hintere) Augenkammer: Kammerwasser zur Nährstoffversorgung der Linse
7. Iris (Regenbogenhaut): Blendenfunktion
8. Pupille: Lichteinlassöffnung

**Dioptrischer Apparat:**
9. Hornhaut: Schließt das Auge nach außen ab; Lichtbrechung; Lichteinfall
10. Linse (bikonvexe Sammellinse): Lichtbrechung; Ermöglicht sehr lichtstarke Abbildungen
11. Glaskörper: Augeninnendruck und Formerhalt des Auges

**Bikonvexe** Linsen sind beiderseits nach außen gewölbt.

**Zell-Schichten**
12. Harte, weiße Augenhaut (Sclera): Schutz des Auges; Stabilität des Augapfels
13. Aderhaut (Uvea, Arachnoidea): Blutversorgung
14. Pigmentepithel: Verhindert Spiegelungen im Auge
15. Netzhaut (Retina): Stütz-, Sinnes- und Nervenzellen
16. Gelber Fleck (Sehgrube): Stelle des schärfsten Sehens
17. Blinder Fleck: An der Austrittsstelle des Sehnervs (18) befinden sich keine Lichtsinneszellen

## Netzhaut (Retina)

Im inversen Linsenauge liegt die **Netzhaut oder Retina** als nur 0,4 mm dicke Schicht zwischen Glaskörper und lichtundurchlässiger Pigmentzellschicht. Dem Licht und damit dem Auginneren zugewandt liegen Nervenzellen. Auf der dem Licht abgewandten Seite der Retina befinden sich die Seh-Sinneszellen (Abb. 17). Es sind primäre Sinneszellen, die auf Dauerreiz phasisch-tonisch reagieren.

Baulich kann jede Seh-Sinneszelle (Abb. 2) in ein Außensegment (zur Pigmentschicht), ein Innensegment und einen kurzen Zellfortsatz, die synaptische Endigung (zum Auginneren), untergliedert werden.

**Synapse** nennt man die Schaltstellen zwischen erregbaren Zellen (giech. *synapsis* Verbindung). → siehe S. 57 ff.

Das Außensegment ist prall gefüllt mit Membraneinfaltungen, den Scheiben oder Disks. Diese Membranen enthalten den Sehfarbstoff der jeweiligen Sinneszelle. Im Innensegment liegt der Zellkern, die Mitochondrien und weitere Organellen. Die synaptischen Endigungen der Sinneszellen ziehen in Richtung Auginneres und übermitteln die Signale in Form von Transmittermolekülen an nachgeschaltete Nervenzellen.

Lichtmikroskopisch lassen sich zwei Typen von Seh-Sinneszellen unterscheiden: Zapfen und Stäbchen (Abb. 17 B).

**Ganglienzellen** leiten das Signal über lange Fortsätze, die Axone, weiter.

**Amakrine** dienen dem Zusammenschalten benachbarter Nervenzellen.

**Bipolare** leiten das Signal von den Sinneszellen auf Ganglienzellen weiter.

**Horizontalzellen** dienen dem Zusammenschalten benachbarter Sinneszellen.

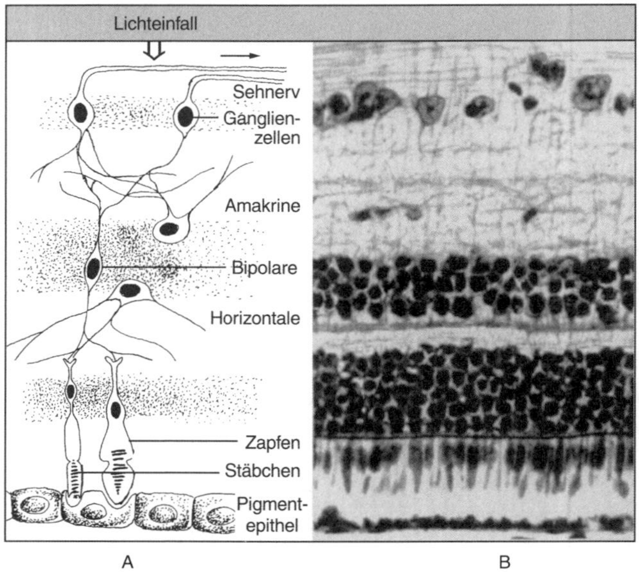


Abb. 17: Netzhautquerschnitt: (A) Schematische Darstellung von Seh-Sinneszellen, Bipolaren, Ganglienzellen, Horizontalen und Amakrinen; (B) Lichtmikroskopische Abbildung.

## Zapfen

Die 6 Millionen **Zapfen** dienen dem **Sehen von Farben**. Die höchste Lichtempfindlichkeit haben Zapfen bei Wellenlängen von ca. 555 nm, also gelbgrünem Licht. Zapfen sind im Bereich des gelben Flecks, der zentralen Sehgrube der Netzhaut, konzentriert. Dies ist die Stelle des schärfsten Sehens. Nur hier liefert jeder Zapfen ein eigenes Signal über „seine" nachgeschaltete Ganglienzelle ins Gehirn. Diese 1 : 1-Verschaltung bewirkt eine sehr hohe Auflösung. Wird ein Gegenstand fixiert, so sind die gelben Flecken beider Augen auf ihn gerichtet. Das gleiche Bild fällt also auf einander entsprechende Netzhautstellen beider Augen. Zapfen haben jedoch eine relativ hohe Reizschwelle, weswegen sie im Dunkeln nicht ansprechen.

Merksatz: „Nachts sind alle Katzen grau".

Nachtaktive Tiere wie z. B. Maulwurf, Igel oder Eulen besitzen nur Stäbchen und sind farbenblind.

Tagaktive Tiere wie Eidechsen oder Tagraubvögel besitzen Zapfen und Stäbchen.

### Stäbchen

Die 120 Millionen **Stäbchen** dienen dem **Hell-Dunkel-Sehen**. Das Empfindlichkeitsmaximum der Stäbchen liegt bei ca. 500 nm, also bei blaugrünem Licht. Viele Stäbchen werden über Horizontalzellen zusammengeschaltet. Dies führt zwar zu einem schlechteren Auflösungsvermögen der Stäbchen, ermöglicht aber durch eine Aufrasterung von Impulsen den Eindruck von Bewegung. Viele Stäbchen befinden sich vor allem in den Randbereichen der Netzhaut und sind sehr lichtempfindlich, d. h. sie haben eine niedrigere Reizschwelle.
Merksatz: „Aus dem Augenwinkel heraus – kann man kleinste Bewegung wahrnehmen".
Verfolgt man den Weg eines Signals von der Sinneszelle bis in den Sehnerv, erkennt man den biologischen Zweck der verschiedenen Zellebenen und -verschaltungen (siehe Abb. 17 A und 17 B).

Der **Sehnerv** besteht aus ca. 1 Million Nervenfasern.

**Zapfen** sind kegelförmig und dienen dem Farbensehen. **Stäbchen** sind schlank und dienen dem Hell-Dunkel- und Bewegungssehen.

## 7.2 Der Sehvorgang im menschlichen Auge

### Sehfarbstoff Rhodopsin

Stäbchen enthalten in den Membranfalten ihres Außensegments den **Sehfarbstoff** Rhodopsin. Der „Sehpurpur" Rhodopsin reflektiert rotes und absorbiert besonders leicht grünes Licht. Rhodopsin ist ein großes Molekül, das quer durch die gesamte Zellmembran verläuft und jeweils ein gutes Stück in den Extrazellularraum und ins Zytoplasma ragt. Rhodopsin besteht aus dem Eiweiß Opsin und dem darin eingeschlossenen Farbstoff Retinal (11-cis-Retinal).
Das Retinalmolekül besitzt konjugierte Doppelbindungen, was dem Molekül die Absorption von Strahlungsenergie ermöglicht.
Licht, das auf 11-cis-Retinal trifft und absorbiert wird, startet eine fotochemische Reaktion: Das durch eine cis-Doppelbindung zwischen den Kohlenstoff-Atomen 11 und 12 gewinkelt gebaute 11-cis-Retinal verändert seine Molekülform und wird zum gestreckten all-trans-Retinal, das nur trans-Doppelbindungen besitzt. Das all-trans-Retinal sprengt sich sozusagen aus dem Opsinteil. Dadurch kommt es zu einer Änderung der Membranpermeabilität für $Na^+$-Ionen.

Die **cis-trans-Isomerie** gibt an, ob sich die an eine C-C-Doppelbindung gebundenen Bindungspartner (hier Wasserstoff-Atome) auf derselben Seite der Bindungsebene der Doppelbindung, also cis (lat. diesseits) oder trans (lat. jenseits), also auf verschiedenen Seiten befinden.

Unter **konjugierten Doppelbindungen** versteht man eine regelmäßige Abfolge von Einfach- und Doppelbindungen.

**Permeabilität** ist die Durchlässigkeit von Membranen für Stoffe.

Innerhalb der nächsten Millisekunde wandelt sich das Rhodopsin zum so genannten Meta-Rhodopsin II, das sofort zu Opsin und all-trans-Retinal zerfällt (Abb. 18).

**Enzyme** sind Biokatalysatoren: Eiweiße, die biochemische Reaktionen ermöglichen und/oder beschleunigen.

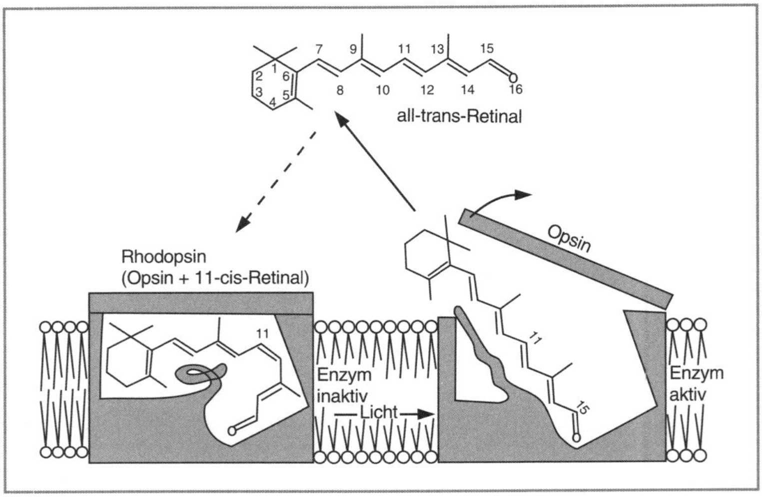


Abb. 18: Rhodopsinaufbau und -zerfall.

**Rhodopsin** zerfällt zu Opsin und all-trans-Retinal:

Rhodopsin (Opsin und 11-cis-Retinal) $\xrightarrow{\text{Licht}}$ Opsin + all-trans-Retinal

Die extrem kurze Existenz des instabilen Metarhodopsin II reicht aus, um die **Seh-Kaskade** in Gang zu setzen, an deren Ende die Auslösung eines Aktionspotenzials steht.

**Aktionspotenzial:** Elektrochemisches Signal an Nervenfasern.
→ siehe dazu Erregungsleitung am Axon S. 49 ff.

Nach dem Zerfall des Rhodopsins wird freigesetztes all-trans-Retinal zu 11-cis-Retinal umgewandelt, das wieder an Opsin gebunden wird. Die Rhodopsin-Depots der Seh-Sinneszelle sind wieder gefüllt.

Obwohl Rhodopsin sparsam verstoffwechselt und unter Energieaufwand recycelt wird, kommt es laufend zum Verlust einiger Moleküle. Um den Rhodopsinbestand zu regenerieren, nehmen Menschen β-Carotin, das Pro-Vitamin A, aus der Nahrung über den Dünndarm auf. Daraus wird Retinal gebildet.

Da Vitamin A-Mangel zu Nachtblindheit führt, sollte deshalb der Bedarf durch ausreichende Aufnahme von Karotten, Leber, Fisch oder Eigelb gedeckt werden.

Ein erstaunliches Phänomen, das mit dem Zerfall und der Anreicherung von Sehfarbstoffen zusammenhängt, erlebt man, wenn man lange eine kontrastreiche Schwarzweiß-Abbildung fixiert und danach auf eine graue Fläche blickt: Man sieht ein so genanntes **Nachbild**, gewissermaßen das Negativ der fixierten Abbildung. Seh-Sinneszellen an weiß belichteten Netzhautstellen haben Teile ihrer Rhodopsin-Vorräte verbraucht – schwarz abgedunkelte Seh-Sinneszellen haben ihr Rhodopsin gespart und ihre Empfindlichkeit gesteigert.

## 7.3 Leistungen des menschlichen Auges

Seit der Entwicklung von inversen Linsenaugen vor etwa 450 Mio. Jahren fand eine zunehmende Spezialisierung dieses Augentyps im Zuge der Anpassung von Wirbeltieren an ihre Lebensräume und Lebensweisen statt.

### Nah-Fern-Akkommodation

Mit **Akkommodation** wird das Scharfstellen des Auges bezeichnet.

Die Augenlinse, eine Sammellinse, konzentriert einfallende Lichtstrahlen und entwirft ein kleines, umgekehrtes Bild des betrachteten Gegenstandes auf die Netzhaut. Tiere mit Linsenaugen besitzen Methoden zur Nah-Fern-Anpassung oder Nah-Fern-Akkommodation, d. h. Methoden, um unterschiedlich weit entfernte Gegenstände scharf zu sehen.

Säugetiere und Menschen verändern die Form und damit die Brechkraft bzw. Brennweite ihrer Augenlinse. Der Entfernungsbereich, den die Augen scharf sehen, wird entweder reflexartig im Mittelhirn eingestellt oder es wird bewusst entschieden, ob die ausgestreckte Hand oder die entferntere Umgebung scharf gesehen werden soll. Die Linse ist sehr elastisch und strebt danach sich „abzukugeln“. Sie hängt zwischen den Linsenbändern, die Spannung der Aderhaut sorgt als Gegenspieler zum Ciliarmuskel für die Straffung der Linsenbänder und damit für das passive „Flachziehen“ der Linse. In dieser Ruhestellung sind die Linsen auf geringe Brechkraft und die Augen damit auf Fernsicht eingestellt. Erst wenn sich die Fasern des Ciliarmuskels anspannen und damit die Linsenbänder erschlaffen, kann sich die Linse der Kugelform annähern. Abgekugelt leistet die Linse die Nah-Scharfstellung.

**Linsenfasern**
→ vgl. Bau des menschlichen Auges S. 22 f.

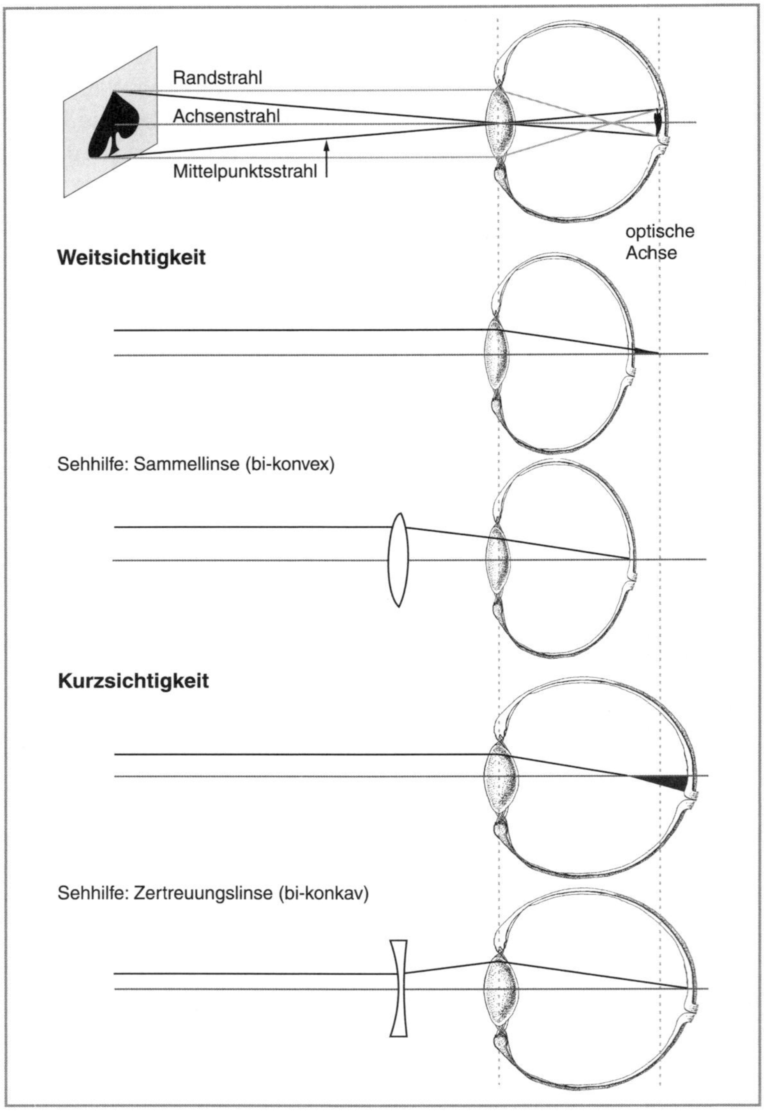


Abb. 19: Sehfehler: Unschärfe statt Bildpunkt.

**Weitsichtigkeit** basiert oft auf einem zu kurzen Augapfel. Nahe Gegenstände werden nur unscharf auf der Netzhaut abgebildet.

**Kurzsichtigkeit** beruht oft auf einem zu langen Augapfel. Entfernte Gegenstände werden nur unscharf auf der Netzhaut abgebildet.

**Bikonkave** Linsen sind beiderseits hohl geschliffen.

Bei älteren Menschen verliert die Linse ihre Elastizität – die Folge ist Altersweitsichtigkeit. Um z. B. wieder normal lesen zu können, muss eine Lesebrille mit Sammellinse die Brechkraft der Augenlinse ergänzen. Weitsichtigkeit bei Kindern beruht häufig auf einem „zu kurzen" Augapfel (Abb. 19). Kurzsichtigkeit wird durch Zerstreuungslinsen

**Astigmatismus** bedeutet eine ungleichmäßige Krümmung der Hornhaut.

ausgeglichen (Abb. 19), während krankhafter Astigmatismus durch Zylinderlinsen ausgeglichen wird. Kleine, nicht krankhafte Astigmatismen und damit leicht verzerrte Bilder auf der Netzhaut werden bei der Bildverarbeitung in der Netzhaut und im Gehirn korrigiert.

In die **Linsengleichung** fließen die Gegenstandsweite g, die Bildweite b und die Brennweite f ein: $1/g + 1/b = 1/f$ Der Wert 1/f (mit f in Metern), wird als Dioptrie bezeichnet.

Das Wissen um die verschiedenen Sehstörungen und um die Strahlengänge des Lichtes erlaubt es Augenärzten mithilfe der Linsengleichung die notwendige Brechkraft einer Brille zu berechnen. Ein durchschnittliches menschliches Auge besitzt definitionsgemäß eine Brechkraft von 60 Dioptrien: 60 dpt = 100 cm/1,6 cm.

**Fern-Akkommodation** wird erreicht durch Entspannung des Ciliarmuskels. Die Spannung der Aderhaut bedingt die Straffung der Linsenbänder und Abflachung der Linse auf eine Brechkraft von ca. 15 Dioptrien.
**Nah-Akkommodation** wird erreicht durch Anspannung des Ciliarmuskels gegen den Zug der Aderhaut. Dadurch erschlaffen die Linsenbänder, es folgt die Abkugelung der Linse durch ihre eigene Elastizität auf eine Brechkraft von ca. 30 Dioptrien.

### Hell-Dunkel-Adaptation

**Adaptation** ist die Anpassung an Umwelt- oder Reizbedingungen.

Menschen und alle Wirbeltiere können ihre Sehleistungen an unterschiedlichste Lichtstärken anpassen. Dabei spielen physikalische, anatomische und zellphysiologische Adaptationen eine Rolle:

- Die **Augenlider** schützen Menschen und alle Landwirbeltiere vor zu starkem Licht.
- Von den Fischen bis zu den Säugetieren bewährte sich das Prinzip einer **Irisblende**, die die Pupillenweite auf die Beleuchtungsstärke abstimmt. Die Weite der menschlichen Pupille schwankt je nach Beleuchtungsstärke von 4 bis 64 $mm^2$. Sehr schwaches Licht bewirkt die maximale Weitung der Pupille: Nun gelangt 16-mal mehr Licht ins Auginnere – und man sieht auch noch bei relativer Dunkelheit. Diese Adaptation der Irisblende kann man sich stark vereinfacht als **negative Rückkopplung** vorstellen: Viel Licht fällt auf die Netzhaut. Der Sehnerv meldet „viel Licht“ ins Gehirn. Im Gehirn entsteht das Signal „Blende zu“, das zur Iris geleitet wird. Genauer betrachtet handelt es sich hierbei um einen Regelkreis mit negativer Rückkopplung.

**Negative Rückkopplung**
→ siehe dazu Hormonsystem S. 119 ff.

**Regelkreis Pupillenreflex**
→ siehe dazu S. 121

- Die **typische Verteilung** von Zapfen und Stäbchen auf verschiedene Netzhautbereiche und die Möglichkeit zwischen Zapfen und Stäbchen hin- und herzuschalten.

- Seh-Sinneszellen sind phasisch-tonisch und können sich somit an verschiedene Helligkeiten **adaptieren**. Starklicht blendet und es kann bis zu 30 Minuten dauern, bis die Stäbchen wieder ihre maximale Empfindlichkeit zurückerlangt haben, da die Rhodopsinvorräte immer wieder aufgefüllt werden müssen. Gelangen wir aus hellem Sonnenlicht in eine dunkle Höhle mit einer geringen Lichtstärke, so sehen wir anfangs kaum etwas. Die Zapfen sprechen hier nicht mehr an und erst allmählich gewinnen die Stäbchen ihre Empfindlichkeit zurück.

## Farbensehen

Bei der **subtraktiven Farbmischung** lassen sich aus den drei Grundfarben **Gelb**, Rot und Blau alle Farben mischen. Mischt man alle **Stofffarben**, so erhält man im Idealfall Schwarz.

**Additive Farbmischung** ist die Mischung von Strahlungsfarben.

**Komplementär-Farben** sind Farbpaare, die sich durch additive Mischung zu Weiß ergänzen.

Im Gegensatz zu den uns geläufigeren Stofffarben hängt unsere Fähigkeit, Farben zu sehen, mit so genannten **Strahlungsfarben** zusammen. Fällt Sonnenlicht durch ein Prisma bzw. durch Regentropfen, so zeigt es seine Komponenten, wenn es zum Spektrum bzw. Regenbogen aufgeteilt wird. Strahlen mit verschiedenen Wellenlängen und Farben werden sichtbar.
Mischt man Strahlungsfarben so spricht man von **additiver Farbmischung**. Mischt man das gesamte Spektrum von Lichtwellen, so erhält man Weiß. Mischt man die drei spektralreinen **Grundfarben Grün**, Rot und Blau, so können daraus alle Farbeindrücke und Weiß entstehen. Monitore von Farbfernsehern liefern nur rote, grüne und blaue Strahlung. Rot und Blaugrün sowie Grün und Violett nennt man **Komplementär-Farben**.
Nach der Drei-Komponenten-Theorie (Young-Helmholtz-Farbentheorie, 1852) reichen drei Arten von Zapfen aus um alle Farben wahrnehmen zu können. Diese Zapfen haben ihre maximale Lichtempfindlichkeit für rote, grüne und blaue Strahlung.
Elektrophysiologische Messungen ergaben, dass es drei Zapfensorten mit unterschiedlichen Farbstoffen und damit unterschiedlichen Absorptionskurven für Licht gibt (Abb. 20).

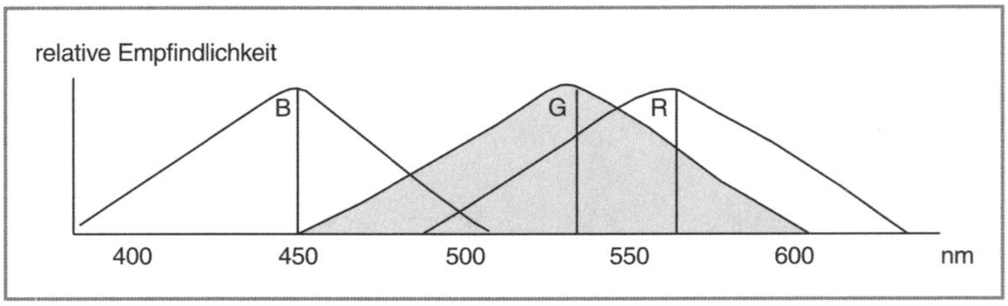


Abb. 20: Absorptionsspektren menschlicher Zapfen. Die Absorptionsmaxima der „Blau-, Grün- bzw. Rot-Zapfen“ (B-, G-, R-Zapfen) liegen bei **450**, **530** bzw. **570** nm.

Vollständige **Farbenblindheit** tritt bei weniger als 0,01 % aller Menschen auf. Die Betroffenen haben keine oder nur B-Zapfen. Eine häufigere Form der „Farbenblindheit" ist die Rot-Grün-Schwäche, die bei weniger als 1 % aller Frauen und immerhin 8 % aller Männer auftritt. Diese Rot-Grün-Schwäche wird X-chromosomal rezessiv vererbt.

Als **rezessiv** werden die bei der Vererbung teilweise oder ganz überdeckten Erbinformationen bezeichnet.

Diese und ähnliche „Farbschwächen" können schon bei Kindern mittels Farbkarten diagnostiziert werden. Durch den Ausfall rotempfindlicher Zapfen werden Karten mit grüne Zahlen auf rotem Hintergrund als einheitlich grau gesehen.

## Zeitliche Auflösung

Zeigt man uns, wie z. B. im Kino oder „Daumenkino", mehr als 20 Bilder pro Sekunde, so verschmelzen die einzelnen Bilder zu einer Bewegung. Diese Verschmelzungsfrequenz liegt bei etwa 20 Hertz und basiert auf der „Trägheit" der Retina. Erst nach einer Latenzzeit ist ein zweiter Lichtblitz wahrnehmbar.

**Latenzzeit** ist hier die Zeit zwischen Lichtreiz und erneuter Erregbarkeit einer Sehsinneszelle.

**Zeitliche Auflösung** nennt man die getrennte Wahrnehmung zweier aufeinander folgender Ereignisse.

## Räumliche Auflösung

Die **räumliche Auflösung** ist im gelben Fleck am besten. Hier werden Zapfen 1 : 1 auf Ganglienzellen des Sehnerves verschaltet. Die Sehschärfe im gelben Fleck ist 20-mal höher als im Netzhautrandbereich. Zum Netzhautrand hin werden mehrere Seh-Sinneszellen und Schaltzellen auf eine Ganglienzelle verschaltet. Je größer eine solche rezeptive Einheit ist, desto grober wird das Raster der Bildpunkte und desto schlechter wird die räumliche Auflösung.

Als aufnehmende Einheit oder **rezeptives Netzhautfeld** bezeichnet man alle Seh-Sinneszellen, deren Signale über eine Ganglienzelle ins Hirn geleitet werden.

Schon in der Netzhaut werden die Informationen aus einem rezeptiven Feld verarbeitet. Nur selten werden die Erregungen der Seh-Sinneszellen einfach addiert. Häufiger findet man die so genannte „Seitliche Hemmung" oder „Laterale Inhibition". Diese Hemmung erfolgt z. B. mit 1/5 der Stärke der eigenen Erregung über Hemmsynapsen. Der Sinn dieser „Lateralen Inhibition" ist eine Kontrastverstärkung an Hell-Dunkel-Grenzen. Hell-Dunkel-Kontraste und damit Gegenstände erscheinen auf diese Weise deutlicher.

**Laterale Inhibition** bedeutet, dass z. B. jede Seh-Sinneszelle ihre direkt benachbarten Seh-Sinneszellen in einem rezeptiven Feld hemmt.

**Hemmsynapsen**
→ vgl. S. 65

**Räumliche Auflösung** nennt man die getrennte Wahrnehmung zweier Punkte.

## Gesichtsfelder

Die Verteilung der Seh-Sinneszellen in der Netzhaut kann mithilfe des Perimeterversuches (Abb. 21) ausgemessen werden. Die Versuchsperson meldet, wenn sie eine Testtafel wahrnimmt, die von außen kommend in ihr Gesichtsfeld gelangt.

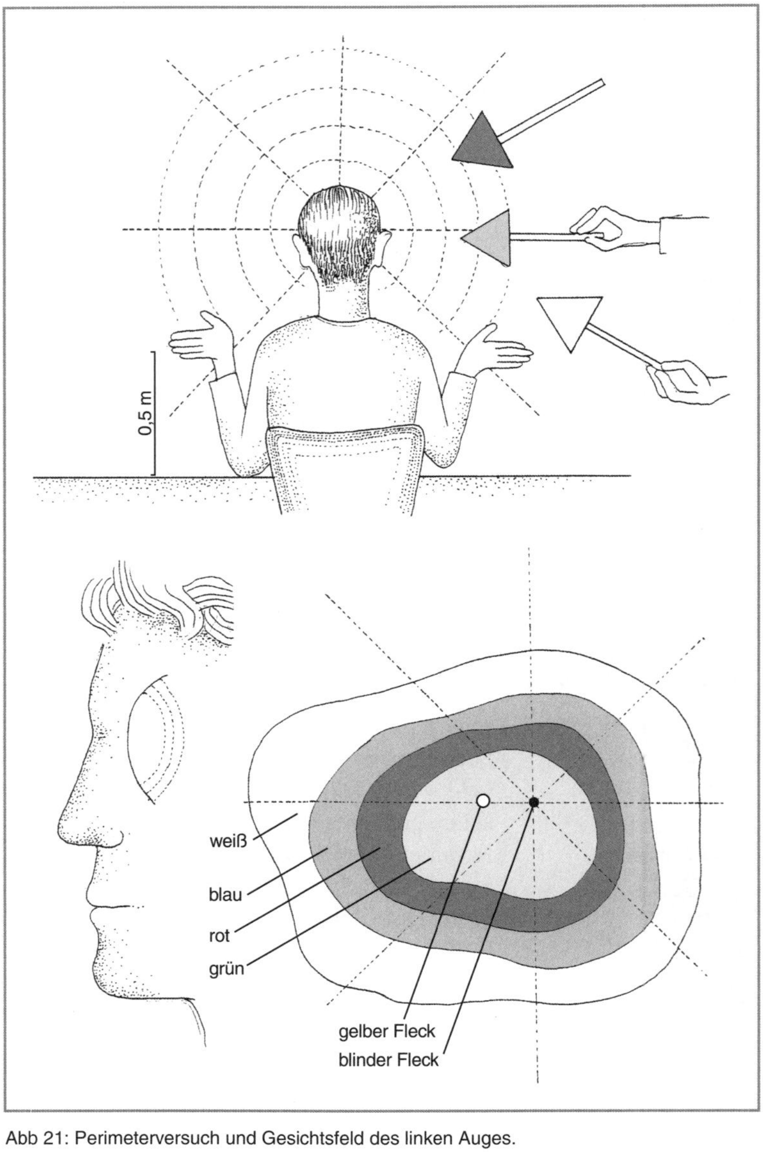


Abb 21: Perimeterversuch und Gesichtsfeld des linken Auges.

Der **blinde Fleck** ist die Austrittsstelle des Sehnerves. Hier befinden sich keine Lichtsinneszellen.

Als einäugiges Gesichtsfeld des linken Auges bezeichnet man jenen Teil der Umwelt, den man mit unbewegtem linken Auge wahrnimmt. Das der Schädelmitte zugewandte Zentrum des einäugigen Gesichtsfeldes bildet stets der gelbe Fleck. Durch die Überschneidung der beiden einäugigen Gesichtsfelder wird räumliches Sehen erleichtert.

### Räumliches Sehen

Beide Augen empfangen **abweichende Bilder** – z. B. scheint der Daumen bei abwechselnder, einäugiger Betrachtung hin und her zu hüpfen. Bei beidäugigem Sehen werden die abweichenden Signale im Gehirn zu einem räumlichen Eindruck verrechnet. Fixiert man einen Gegenstand, so fallen die Strahlen der fixierten Stelle auf die gelben Flecke beider Augen (Abb. 22).

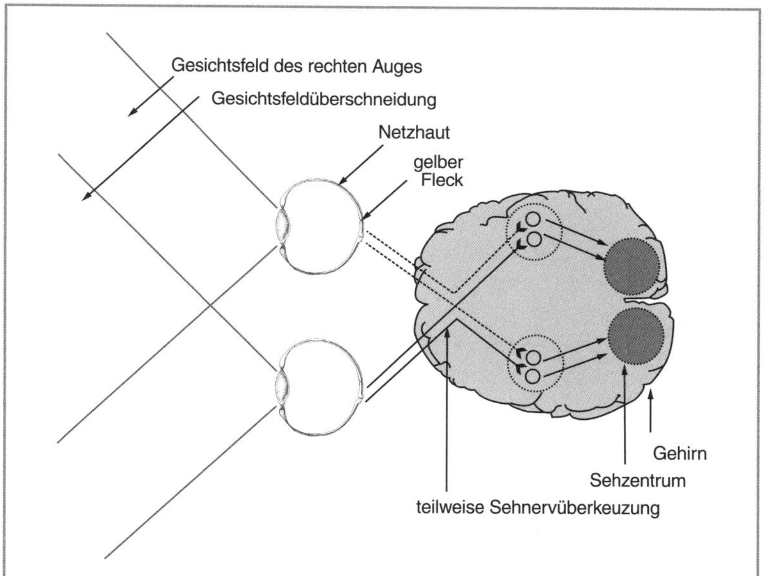


Abb. 22: Gesichtsfeldüberschneidung und Sehnervüberkreuzung.

Als **Sehbahn** wird der Weg der Signale von der Netzhaut ins Sehzentrum im Großhirn bezeichnet.

Verfolgt man die Sehbahn, so fällt vor dem Eintritt der Sehnerven ins Zwischenhirn eine teilweise Überkreuzung der beiden Sehnerven auf. Von dieser Sehnervüberkreuzung sind ca. 90 % der Ganglienzellen betroffen. Die anderen zehn Prozent der Ganglienzellfortsätze wechseln nicht die Seiten (Abb. 22). Von beiden Gesichtsfeldern ziehen also Nervenfortsätze in beide Hirnhälften. Die Netzhautsignale aus beiden Augen können also in einer Hirnhälfte verrechnet werden.

Je größer der Bereich ist, in dem sich die Gesichtsfelder von linkem und rechtem Auge überschneiden, desto besser ist die **räumliche Sicht** und desto exakter können **Entfernungen** eingeschätzt werden.

## Sehwahrnehmung – Sehen mit dem Gehirn

Optische Informationen aus den Augen werden im Gehirn ausgewertet, verrechnet und korrigiert. Sie werden erst durch diese Verarbeitung zur Sehwahrnehmung.

**„Rindenblindheit"**
→ vgl. Sehrinde S. 98

**„Seelenblindheit"**
→ vgl. Assoziationsrinde S. 100

Es gibt seltene Formen von Blindheit, bei der die Betroffenen trotz gesunder Augen und Sehnerven nichts sehen. Bei der „Rindenblindheit" sind Teile des Gehirnes, genauer der Großhirnrinde beschädigt oder fehlen. Bei „Seelenblindheit" sind andere Großhirnteile defekt.
Weil das Sehen im Gehirn stattfindet und weil Erfahrungen, d. h. Gelerntes mit in die Sehwahrnehmung einfließen, können optische Täuschungen entstehen: Wir bewerten z. B. Längen falsch, vervollständigen in Gedanken Figuren und Formen oder sehen plötzlich Gegenstände in chaotischen Mustern.

# Zusammenfassung

- Ein Reiz ist eine Energieänderung im Bereich einer Zelle, die in dieser Zelle ein Signal auslöst. Zellen, die Reize aufnehmen nennt man Sinneszellen. Sinneszellen sind Spezialisten, Energiewandler und Verstärker. Ihre Reizschwelle für adäquate Reize ist besonders niedrig. Reizintensitäten werden als Signalfrequenzen codiert.
- Sinnesorgane bestehen nur aus Sinneszellen und Hilfsstrukturen. Sie filtern Informationen aus der Umwelt und geben die Reize als Erregungsmuster an Nervenzellen weiter.
- Wichtiger als chemische (Geruch, Geschmack) und mechanische (Gehör) Sinne ist für Menschen der Lichtsinn. Linsenaugen entwickelten sich aus leistungsschwächeren Sehsystemen. Schutzeinrichtungen und eine elastische Linse zur Nah-Fern-Akkommodation ergänzen die Retina. In den Stäbchen zerfällt bei Belichtung Rhodopsin. Die Zapfen dienen dem Farbensehen. Zur Hell-Dunkel-Adaptation wirken verschiedene Mechanismen zusammen. Das zeitliche und räumliche Auflösungsvermögen der Augen sowie die Fähigkeit, räumlich zu Sehen, ergibt sich aus unserer Anatomie. Sehen erfolgt, wie jede Sinneswahrnehmung, immer unter Beteiligung des Gehirns.
- Weg des Lichtes:

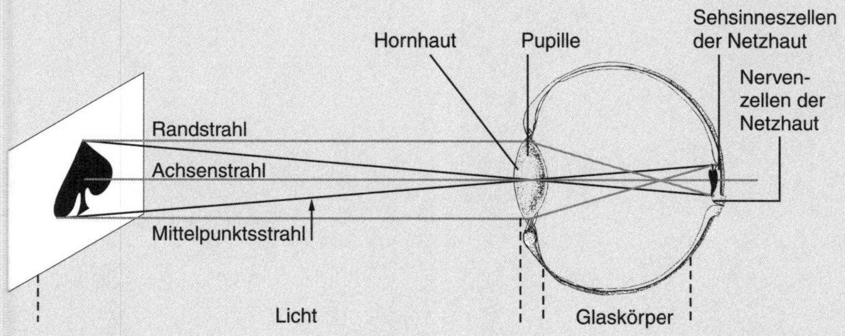

# Neuronen, Synapsen und Gedächtnis

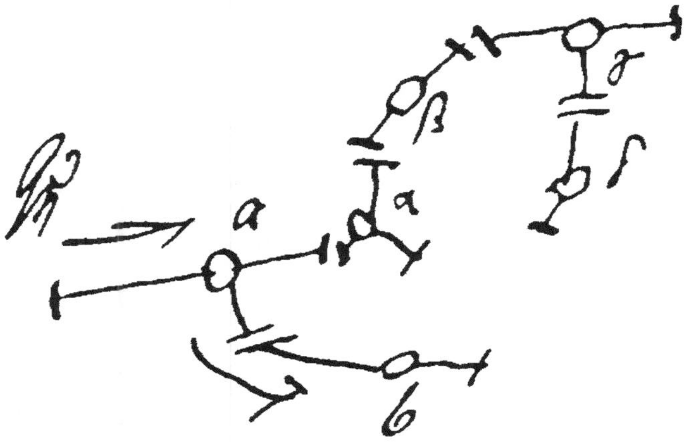

Der Wiener Neuropathologe und Psychoanalytiker Sigmund Freud zeichnete dieses Neuronennetz im Jahre 1895.

Zu den wirklich großen Fragen der Menschheit gehört die nach dem Wesen unserer Persönlichkeit. Wie funktioniert unser Empfinden, Denken und unser Gedächtnis? Naturwissenschaftler suchen nach Antworten in den Nervenzellen und dem Gehirn. Aber noch immer bergen die Nervenzellen viele Geheimnisse und noch weiß niemand, ob man jemals ihre Funktionen vollständig begreifen wird. Noch erscheint das aus Milliarden von Nervenzellen geflochtene Netzwerk des Großhirns zu gewaltig und seine Leistungen zu rätselhaft. Die Enträtselung hat jedoch begonnen ...

# 1 Neuronen – die Grundbausteine des Nervensystems

Die Reize, die Menschen und Tiere durch ihre Sinnesorgane aufgenommen haben, müssen im Organismus weitergeleitet und verarbeitet werden. Diese Weiterleitung und Verarbeitung leisten die Bausteine aller Nervensysteme, die Nervenzellen oder Neuronen.

## 1.1 Die Bauformen von Neuronen

Ein Mensch besitzt ca. 100 Milliarden Neuronen. Allein im Großhirn sind ca. 20 Milliarden Neuronen konzentriert. Diese können sehr unterschiedliche Formen (Abb. 23) haben.

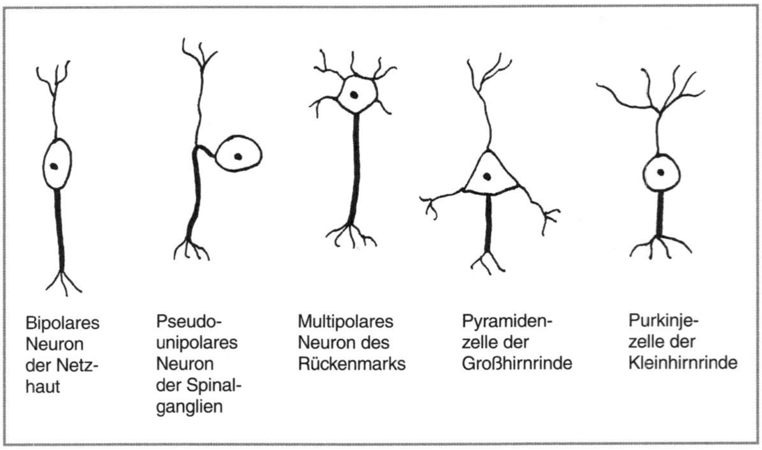


Abb. 23: Formen von Neuronen.

Ein **Motoneuron**, auch motorisches oder multipolares Neuron genannt, ist eine Nervenzelle, die zu einem Muskel führt und viele Fortsätze am Zellkörper besitzt.

Die Abbildung 24 zeigt am Beispiel eines Motoneurons die drei typischen Bauelemente aller Neurone: Zellkörper (Soma), Dendriten und ein Axon.

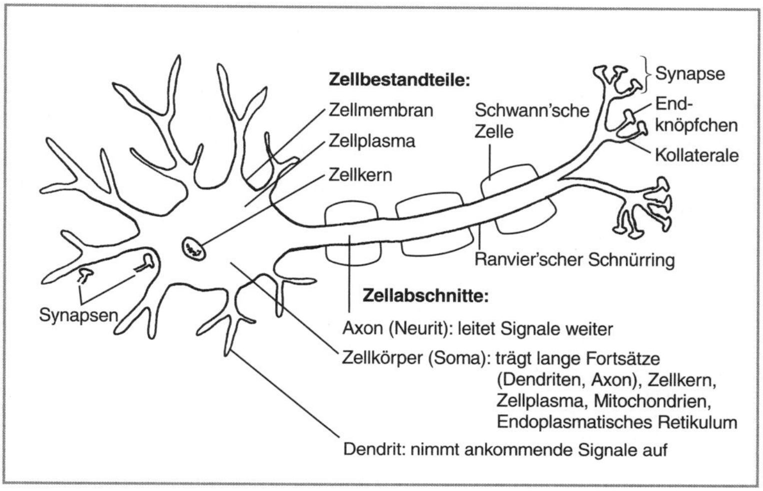


Abb. 24: Schemazeichnung eines Motoneurons.

## 1.2 Die Funktionsweise von Neuronen

**Erregbarkeit** bzw. **Erregungsleitung** eines Neurons
→ vgl. dazu S. 49 ff.

Neuronen sind elektrisch erregbar und können Erregungen schnell und kontrolliert weiterleiten. Über **Dendriten** empfangen sie Signale von Sinneszellen oder anderen Neuronen und leiten diese Informationen über ihr **Axon** weiter. Neuronen bilden spezifische Botenstoffe und senden diese aus, um nachgeschaltete Zellen wie andere Neuronen, Drüsen- oder Muskelzellen zu informieren. Ihre Funktion erfordert einen dauerhaft hohen Membran- und damit Zellstoffwechsel sowie eine hohe Enzymaktivität. Dies macht Neurone zu empfindlichen und anspruchsvollen Spezialisten. Zugunsten dieser Spezialisierung verliert ein Neuron die Fähigkeit zur Teilung und oft sogar zur Regeneration. Neuronen müssen deshalb von **Hilfszellen** (Gliazellen) gestützt und ernährt werden. Sauerstoff und Glucose, der praktisch einzige Betriebsstoff der Neuronen, müssen ständig aus Blut und Hilfszellen bereitgestellt werden.

**Gliazellen:** griech. Leim; Zwischengewebe des Nervensystems.

Beim Menschen stellen die Neuronen nur ca. 2 % der Körpermasse, verbrauchen aber 20 % des Atemsauerstoffs. Kurzzeitige Versorgungsengpässe führen zum Absterben der Hirnneuronen und damit zum Tod des Menschen.

Die Zellmembranen der Neuronen enthalten einen hohen Fettanteil, sodass ca. 50 % der Trockenmasse eines Neurons auf Lipide entfällt.

**Lipide** in Nervenzellmembranen sind z. B. Cholesterin, Phospho-, Glyko- und Sphingolipide.

## 1.3 Marklose und markhaltige Nervenfasern

Das **Zentralnervensystem** besteht aus Gehirn und Rückenmark.
→ vgl. S. 84 ff.

**Ganglion:** griech. *ganglion* Nervenknoten. Ganglien sind Anhäufungen von Nervenzellkörpern.
→ vgl. S. 83

**Theodor Schwann** (1810 –1882): Der Mitbegründer der Zelltheorie erforschte als Anatom und Physiologe den Bau von Nervenzellen und die nach ihm benannten Hüllzellen der Axone.

Im menschlichen Körper befinden sich die Zellkörper der Neuronen im Zentralnervensystem oder in Ganglien. Verschiedene Typen von Hilfs- oder Gliazellen umgeben die verschiedenen Neuronen. Motoneurone besitzen spezielle Hilfs- oder Hüllzellen, Schwann'sche Zellen. Schwann'sche Zellen umhüllen während der Embryonalentwicklung das Axon des Motoneurons.

Eine **Nervenfaser** besteht aus einem Axon mit umgebenden Hüllzellen. Diese Hüllzellen nennt man Gliazellen oder, falls es sich um Axone des Peripheren Nervensystems handelt, Schwann'sche Zellen.

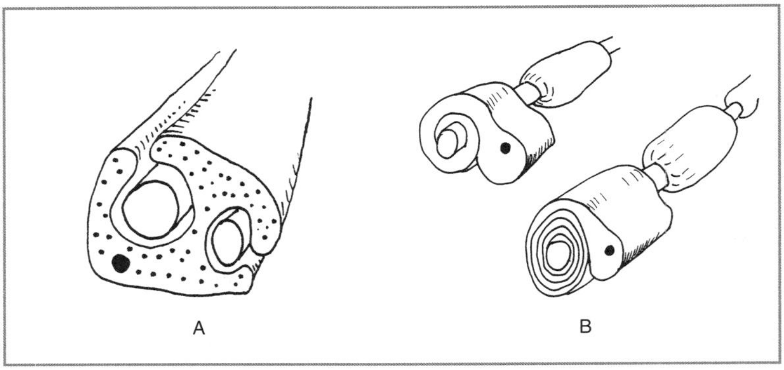


Abb. 25: Nervenfasern des Menschen: (A) marklose und (B) markhaltige Nervenfasern.

**Marklose** oder graue Nervenfasern nennt man Axone, die locker in Schwann'sche Zellen eingebettet sind. Oft umhüllt eine Schwann'sche Zelle mehrere Axone (Abb. 25 A). Solche marklosen Nervenfasern innervieren z. B. die glatte Muskulatur des menschlichen Darmtrakts.

**Markhaltige** oder weiße Nervenfasern nennt man Axone, die eine Myelinhülle (Schwann'sche Scheide) besitzen. Das Axon des Motoneurons wird von den Schwann'schen Zellen nicht nur locker umhüllt, vielmehr umwickeln sie das Axon eng und spiralig. In immer neuen Kreisen umwachsen sie das Axon und hinterlassen so immer mehr Schichten ihres Membranmaterials. Eine brauchbare Modellvorstellung für diesen Vorgang ist das Aufwickeln von Spaghetti. Mit jeder Umrundung wird diese Hülle aus Lagen von Proteinen und Lipiden fester und stabiler. Der Durchmesser einer Nervenfaser kann so von

2 auf 20 µm anwachsen (Abb. 25 B). Die fertige Myelinhülle ist eine dichte und von Lipiden glänzende, weiße Schicht aus Membranmaterial und dient als Isolierung des Axons.
Jede Schwann'sche Zelle ist 1–3 mm breit. An der Grenze zwischen zwei Schwann'schen Zellen ist ein 1 µm schmaler, myelinfreier Streifen, an dem das Axon nicht isoliert ist. Diese Einschnürungen der Isolation nennt man Ranvier'sche Schnürringe (Abb. 24).
Eine fehlende Myelinisierung z. B. wegen Proteinmangel in der Jugendentwicklung kann später nicht nachgeholt werden. Die Multiple Sklerose ist eine Autoimmunerkrankung, bei der die wichtigen Myelinhüllen vom eigenen Immunsystem aufgelöst werden. Die Folgen, z. B. fortschreitende Lähmungen, sind bis heute unheilbar.

**Louis Antoine Ranvier** (1835–1922): Französischer Histologe, der die Einschnürungen zwischen Schwann'schen Zellen entdeckte.

**Autoimmunerkrankung:** Reaktion des Immunsystems auf körpereigene Antigene.

**Antigen:** Substanz, die eine Immunantwort hervorruft.

## 1.4 Die Nerven

Um Informationen weiterzuleiten, durchziehen viele Nervenfasern den Körper. Manchmal einzeln, häufiger jedoch sind viele parallele Nervenfasern zu Bündeln zusammengefasst und von Bindegewebshüllen umgeben.

> Ein **Nerv** besteht aus mehreren, durch Bindegewebe zusammengebundenen Nervenfasern.

Je mehr Nervenfasern gebündelt sind, umso dicker ist der Nerv. So besteht z. B. ein Sehnerv beim Menschen aus ca. 100 000 Nervenfasern.

# 2 Bau und Funktion der Biomembran

***„fluid-mosaic"*-Modell:** engl. Flüssig-Mosaik-Modell; viele einzelne Moleküle sind in einer flüssigen Doppelschicht frei beweglich.

**Lipide:** Sammelbezeichnung für Fette und fettähnliche Stoffe.

**Lipid-bilayer** bedeutet Lipiddoppelschicht. Diese Bilayer ergeben sich aus dem Molekülbau vieler Lipidmoleküle. So besteht z. B. Lecitin oder Phosphatidylcholin aus einem polaren Kopfteil und einem unpolarer Rest.

Elektronenmikroskopische Abbildungen verschiedenster Zellen zeigen einen einheitlichen Aufbau ihrer Zellmembranen. Eine solche Biomembran wird im *„fluid-mosaic"*-Modell (Abb. 26) veranschaulicht: Lipidmoleküle bilden eine Lipiddoppelschicht in und auf dem Proteine schwimmen.

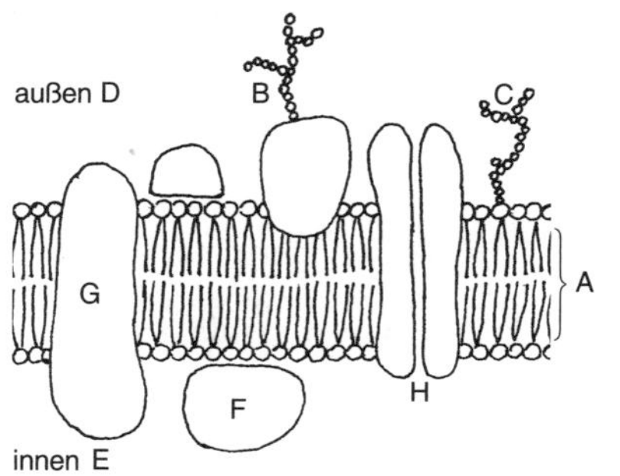


Abb. 26: Biomembran im *„fluid mosaic"*-Modell:.

**Endozytose** ist die Einstülpung und Abtrennung von Membranbläschen, um Stoffe ins Zellinnere zu befördern.

**Exozytose** ist die Verschmelzung von Membranbläschen mit der Zellmembran, um Stoffe aus der Zelle zu befördern.

Biomembranen dienen dem Schutz, der Abgrenzung, der Stabilisierung und Formgebung und unterliegen dem so genannten Membranfluss, also dem Auf- und Abbau von Membranteilen im Zuge von z. B. Endozytose oder Exozytose.

Neuronale Membranen enthalten einen besonderen hohen Anteil an Glykolipiden und viele in der Lipiddoppelschicht schwimmende Protein-Poren und -Kanäle. Poren machen die Biomembran halbdurchlässig oder semipermeabel. Kleine Wassermoleküle können die Membranporen ungehindert passieren. Größere gelöste Teilchen wie gelöste Kalium-Ionen können die Membranbarriere nicht durch Poren überwinden. Kanäle hingegen können diese größeren Teilchen durch die Membran schleusen. Die meisten Kanäle arbeiten selektiv, d. h. sie erlauben nur bestimmten Teilchen die Passage. So gibt es in Nervenzellmembranen viele $K^+$-Kanäle, die nur „ihre" $K^+$-Ionen durchlassen.

Biomembranen sind **semipermeabel** und darüber hinaus **selektiv permeabel**.

# 3 Membranpotenziale

## 3.1 Methoden der Spannungsmessung

**1786** berührte der italienische Arzt Luigi Galvani mit einer Pinzette aus Zink und Kupfer die freigelegten Beinnerven eines Frosches. Der Schenkel zuckte. Durch Stromstöße in Nerven konnte Galvani die zugehörigen Muskeln zur Kontraktion veranlassen. Galvani folgerte, dass bei der Auslösung von Muskelkontraktionen elektrische Vorgänge beteiligt sind, konnte die vorliegenden Spannungen aber noch nicht messen.

**Huxley** und **Hodgkin** beschrieben das Ruhepotenzial von –70 mV und erhielten 1963 den Nobelpreis für die „Messung und Erklärung der elektrischen Nervensignale".

Als **Mikroelektrode** kann eine 0,1 –1 µm feine Glaskanüle mit Ag /AgCl-Elektrode und KCl-Lösung verwendet werden.

Das **Oszilloskop** ist ein Spannungsmessgerät zur Erfassung und Anzeige rascher Spannungsänderungen.

Als **Kathode** bezeichnet man die Elektrode mit Elektronenüberschuss.

**1939** gelang es Hodgkin und Huxley erstmals, Spannungen an Nervenzellen zu messen. Sie benutzten die Axone von Tintenfischen für die Messungen. Diese so genannten Riesenaxone mit Durchmessern von bis zu 1 mm konnten mit einer Mikroelektrode eingestochen werden. Verbindet man die Mikroelektrode und eine Gegenelektrode aus Platin über ein hochempfindliches Spannungsmessgerät bzw. ein Oszilloskop (Abb. 27), so kann man Spannungen zwischen den Elektroden aufzeigen. Ein **Oszilloskop** funktioniert nach dem Prinzip der Kathodenstrahlröhre:

Eine glühende Kathode strahlt im Hochvakuum allseitig Elektronen ab. Eine Anode (positivierte Metallplatte) zieht die Elektronen an. Nur durch das Loch in der Anode schießt der Elektronenstrahl in Richtung des Leuchtschirms. Dieser Elektronenstrahl wird gebündelt und zeigt Spannungen als vertikale Abweichungen auf einen Leuchtschirm, der einer TV-Röhre ähnelt. Liegen beide Elektroden im Extrazellulär- bzw. Flüssigkeitsraum um ein ruhendes Riesenaxon, findet man erwartungsgemäß keine Spannung (A). Sticht man aber eine Elektrode in das ruhende Axon ein (B), so zeigt das Oszilloskop eine gerin-

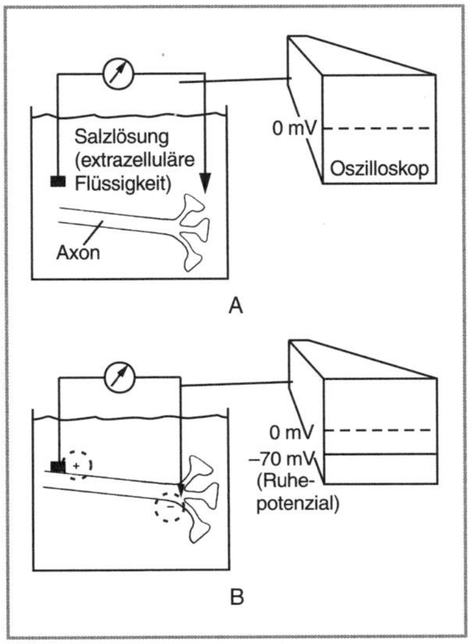


Abb. 27: Versuchsaufbau zur Spannungsmessung mit einem Oszilloskop: (A) Beide Elektroden im Extrazellulärraum, (B) Eine Elektrode im Extrazellulärraum und eine im Axon.

ge Spannung, also **Ladungsunterschiede** zwischen Zellinnerem und Zellumgebung, an: Das Axoninnere, also das Zellplasma, ist gegenüber der umgebenden Flüssigkeit **negativ** geladen. Man gibt die Spannung deshalb mit negativem Vorzeichen an. Diese beträgt je nach Tierart und Zelltyp von −60 mV bis −90 mV.

Spannung an Biomembranen nennt man **Membranpotenziale**. Membranpotenziale findet man bei allen lebenden Zellen.

## 3.2 Ruhepotenzial – Entstehung und Aufrechterhaltung

Andere Bezeichnungen für das **Ruhepotenzial** sind: Ruhe-Membran-Potenzial, Ruhespannung, Ruhe-Membran-Spannung, Kalium-Membran-Potenzial oder Kalium-Diffusions-Potenzial.

Die Spannung einer nicht erregten oder „ruhenden" Zelle nennt man Ruhepotenzial. Besonders wichtig ist dieses Ruhepotenzial bei den elektrisch erregbaren Sinneszellen, Nervenzellen und Muskelzellen. Wie Ladungsunterschiede zwischen Zellinnerem und -äußerem und damit Ruhepotenziale entstehen, veranschaulicht gut folgender Modellversuch (Abb. 28).

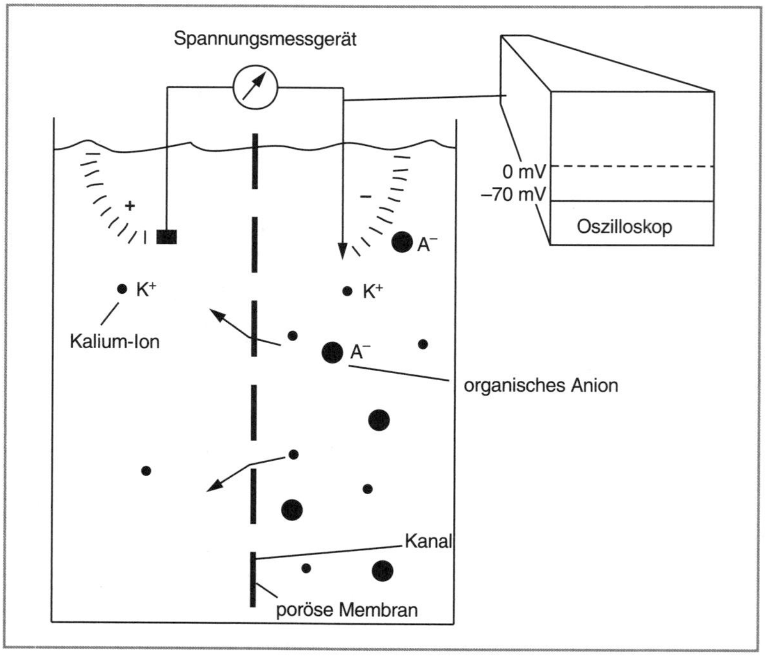


Abb. 28: Modellversuch: Wie entsteht das Ruhepotenzial (RP)?

**Dissoziation:** Auflösung und Zerfall von z. B. Salzkristallen.

**Diffusion** ist die Durchmischung und Durchdringung von Stoffen aufgrund der Teilchenbewegung.

Man trennt zwei Flüssigkeitsräume (Zellplasma und Extrazellularflüssigkeit) durch eine poröse Membran (Zellmembran). Dann gibt man in einen der Räume (Zellplasma) kristallines Kaliumacetat. Die durch Dissoziation entstehenden, positiv geladenen $K^+$-Ionen und die größeren Acetat-Anionen werden durch Wärmebewegung angetrieben.
Durch Diffusion zu allmählichem **Konzentrationsausgleich** getrieben, drängen die Ionen gegen die Membran. Den $K^+$-Ionen gelingt die Passage – nicht aber den viel größeren Acetat-Anionen (organisches Anion $A^-$). Entsprechend dem $K^+$-Ionen-Konzentrationsgefälle diffundieren einige $K^+$-Ionen von einem Flüssigkeitsraum (Zellplasma) in den anderen (Extrazellularflüssigkeit). So kommt es zur Trennung von positiven und negativen Ladungsträgern – es entsteht eine Ladungsdifferenz zwischen den membrangetrennten Räumen.
Betrachtet man die relativen Ionenkonzentrationen innerhalb und außerhalb einer lebenden Nervenzelle, so fällt die Ungleichverteilung der Ionen auf (Tab. 5):

- Im Zellplasma dominieren Kalium-Ionen und organische Anionen, vor allem Eiweißmoleküle.
- Im Extrazellulärraum überwiegen Natrium- und Chlorid-Ionen!

| Innen: Zellplasma | | Außen: Extrazellularflüssigkeit |
|---|---|---|
| 100 000 | $K^+$ | 2 000 |
| 10 000 | $Na^+$ | 108 000 |
| 2 000 | $Cl^-$ | 110 000 |
| 108 000 | $A^-$ | 0 |

Tab. 5: Relative Ionen-Konzentrationen an einer **ionendichten** Membran.

Bemerkenswert ist die Ähnlichkeit des Ionenmilieus von Extrazellulärraum und Meerwasser. Man kann sich den Extrazellulärraum als konservierte Ur-Umgebung aller tierischen Zellen vorstellen. Dies kann als Beleg für die Evolutionstheorie gewertet werden.
Membranständige, spannungsabhängige Kanäle für $K^+$-Ionen, $Na^+$-Ionen und $Cl^-$-Ionen sind bei unerregten Zellen geschlossen, sodass nur die kleinen $K^+$-Ionen die Membran durch spannungsunabhängige, immer geöffnete Kanäle passieren können. Die Ionenverteilung an unerregten Membranen ist ein stabiler Zustand, d. h. ein Fließ-Gleichgewicht mit ständigem Hin- und Herstrom von $K^+$-Ionen. Im Vergleich zur Membranpermeabilität der hydratisierten $K^+$-Ionen ist die Durchlässigkeit für hydratisierte Chlorid-Ionen bzw. Natrium-

**Hydratisierung** ist die Ummantelung mit Wassermolekülen.

Ionen, deren hohe Ladungsdichte einen großen Hydratmantel verursacht, 10-mal bzw. 100-mal geringer. Natrium- und Chlorid-Ionen spielen bei der Entstehung des Ruhepotenzials somit keine direkte Rolle, müssen aber beim Betrachten der Ladungsverhältnisse mit bilanziert werden.

**Osmose** ist die Diffusion von Stoffen durch eine selektiv permeable Membran.

Wie im Modellversuch stellt sich auch an Biomembranen ein Gleichgewichtszustand ein: Die **Tendenz zum Konzentrationsausgleich** wird ausgeglichen durch die **Tendenz zum Ladungsausgleich**. $K^+$-Ionen strömen solange, osmotisch angetrieben, aus dem Zellplasma, bis die ersten $K^+$-Ionen von den organischen Anionen im Zellplasma zurückgehalten werden. Im Zellplasma bleibt ein Überschuss an negativen Ladungsträgern, während an der Membranaußenseite ein positiver Ladungsüberschuss herrscht (Abb. 29).

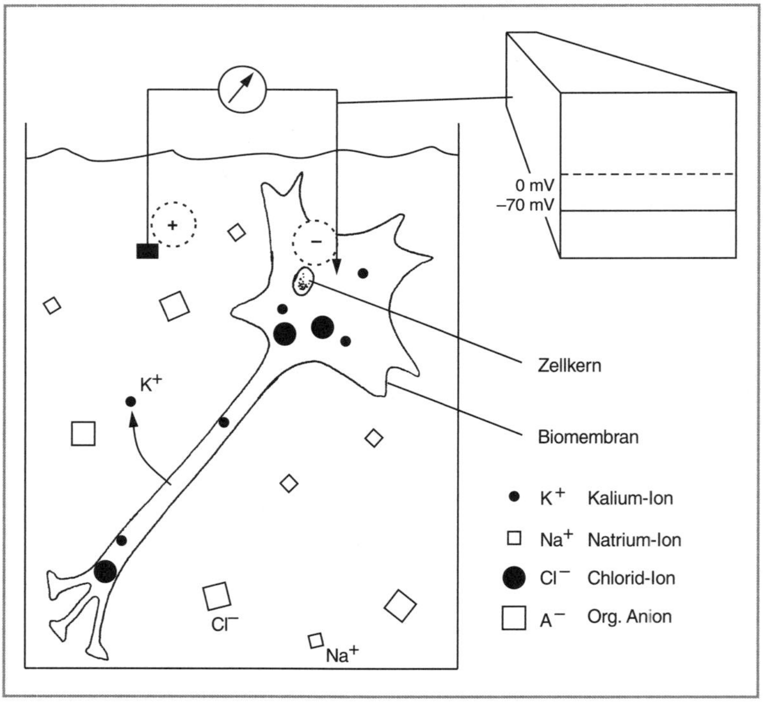


Abb. 29: Entstehung des Ruhepotenzials.

| Innen: Zellplasma | | Außen: Extrazellularflüssigkeit |
|---|---|---|
| 100 000 **– 6** (!) | **$K^+$** | 2 000 **+ 6** (!) |
| 10 000 | **$Na^+$** | 108 000 |
| 2 000 | **$Cl^-$** | 110 000 |
| 108 000 | **$A^-$** | 0 |

Tab. 6: Relative Ionen-Konzentrationen an **einer Biomembran**.

Geringste Ladungsunterschiede zwischen Zellplasma und Extrazellulärraum, wie z. B. der Übertritt von nur **6 (!) $K^+$**-Ionen bei insgesamt 110 000 Kationen auf beiden Membranseiten, führen zu einem Ruhepotenzial von ca. –70 mV (Abb. 29).

Eine Ungleichverteilung von Ionen und die Kaliumionen-Durchlässigkeit der Biomembran sorgen für die Entstehung des Ruhepotenzials, einem exakt regulierten und sehr empfindlichen Zustand.

**Mitochondrien:** Organellen zur Bereitstellung von biochemisch gespeicherter Energie.

**ATP** = Adenosintriphosphat:
ATP ⟶ ADP + P

Gegen Störungen dieses Zustandes besitzen alle Neuronen Hunderttausende von Enzymen in ihren Membranen. Enzyme, die für ihr Funktionieren mitochondrielles ATP im Zellplasma benötigen, nennt man ATPasen. Die **Natrium-Kalium-ATPase** oder **Natrium-Kalium-Pumpe** ist ein membranständiges Enzym, das aus mehreren Proteinmolekülen besteht und das unter Energie- bzw. ATP-Verbrauch dafür sorgt, dass eingedrungene $Na^+$-Ionen gegen $K^+$-Ionen aus dem Extrazellulärraum ausgetauscht werden (Abb. 30). Die häufigste „Störung“ an einer erregbaren Zellmembran ist der Einstrom einiger weniger $Na^+$-Ionen aus der Extrazellulärflüssigkeit in die Zelle. Dieser $Na^+$-Ionen-Einstrom bedeutet die Absenkung des Ruhepotenzials in Richtung Potenzialausgleich, d. h. eine Depolarisierung.

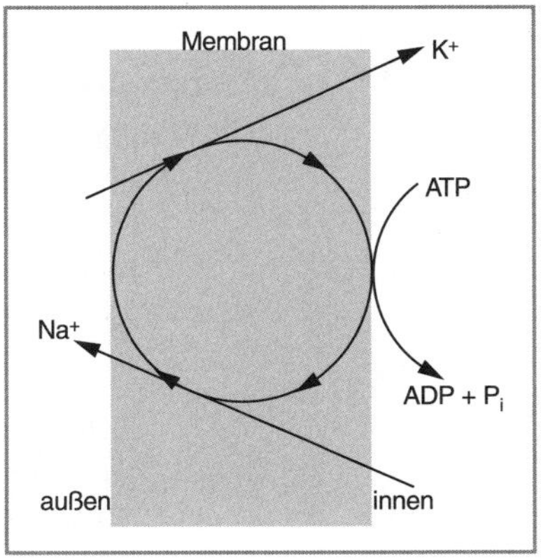


Abb. 30: Funktionsschema zur Natrium-Kalium-ATPase – der biologischen „Pumpe“.

## 3.3 Das Rezeptorpotenzial

**Rezeptorpotenzial:** Membranzustand an einer depolarisierten Sinneszelle.

**Erregungsleitung am Axon** → Siehe S. 49 ff.

**Sinneszellen** sind darauf spezialisiert, empfangene Reize mit einer Verringerung ihres Membranpotenzials, d. h. einer Depolarisierung zu beantworten. Proportional zur Reizstärke wird die erregte Membran vom Ruhepotenzial (–70 mV) auf das Rezeptorpotenzial (–60 mV bis –40 mV) depolarisiert. Je nach Typ der Sinneszelle wird die Information entlang dem eigenen Axon durch Ionenströme weitergeleitet oder aber eine bestimmte Reizintensität führt direkt zur Freisetzung von Botenstoffen.

## 3.4 Das Generatorpotenzial

**Generatorpotenzial:** Membranzustand an einer depolarisierten Nervenzelle.

**Nervenzellen** erhalten von vorgeschalteten Sinneszellen oder anderen Nervenzellen Informationen in Form von Botenstoffen. Diese Botenstoffe verursachen am empfangenden Dendrit oder Zellkörper eine lokal begrenzte Depolarisierung der Nervenzellmembran – eine Erregung. Das Ruhepotenzial (–70 mV) wird proportional zur Botenstoffmenge auf das so genannte Generatorpotenzial (–60 bis –40 mV) depolarisiert. Das Generatorpotenzial wandert über den Zellkörper zum Axonursprung, wo ab einer bestimmten Heftigkeit der Depolarisierung die Information entlang dem eigenen Axon durch Ionenströme weitergeleitet wird.

**Muskelzellen** werden von vorgeschalteten Neuronen erregt. Auch an ihrer Membran bedeutet eine Erregung eine Depolarisation.

Erregung bedeutet immer das **Absenken des Ruhepotenzials** einer Zellmembran in Richtung einer Spannung mit dem Wert Null. Diese **Depolarisierung** wird je nach Zelltyp entweder Rezeptorpotenzial (bei Sinneszellen) oder Generatorpotenzial (Nerven- und Muskelzellen) genannt.

# 4 Erregungsleitung am Axon

## 4.1 Verlauf eines Aktionspotenzials

Depolarisation bedeutet **$Na^+$-Ionen-Einstrom** und damit einer Änderung des Membranpotenzials in Richtung 0 mV.

Wird ein ruhendes Neuron gereizt, so zeigt der Leuchtschirm des Oszilloskops bei Spannungsmessungen am Axonursprung folgenden Ablauf, der nur 1–2 Millisekunden dauert: Die Erregung führt zu einem plötzlichen Zusammenbruch des Ruhepotenzials. Diese Depolarisierung läuft allerdings weiter bis zum vollständigen Ladungsausgleich an der Membran. Das Membranpotenzial erreicht einen Wert von 0 mV. Es kommt sogar zur Umpolarisierung der Membran. Das vormals negativ geladene Axoninnere wird kurzfristig positiv und erreicht einen Spitzenwert der Umpolarisierung von ca. +30 mV.

Der Vorgang der kurzfristigen Umpolung wird „*spike*" oder **Aktionspotenzial** (AP) genannt.

Die intrazelluläre Ableitung zeigt diesen zeitlichen Verlauf des Membranpotenzials nach einer Erregung oder kurz: den Ablauf eines Aktionspotenzials (Abb. 31).
Erregung bedeutet immer eine Depolarisierung der Membran. Das Ruhepotenzial von –70 mV fällt ab auf ein Membranpotenzial von z. B. –60 mV. Auslöser sind einige wenige $Na^+$-Kanäle in der Membran, die sich öffnen. Die Tendenz zu Konzentrationsausgleich und zu Ladungsausgleich wirken zusammen und für Bruchteile einer Millisekunde strömen $Na^+$-Ionen in die Zelle. Ob eine Erregung stark genug ist, um am Axon weitergeleitet zu werden, hängt von der Heftigkeit der Erregung und damit vom Ausmaß der Depolarisierung ab. Weniger heftige Depolarisationen, die den Schwellenwert von ca. –50 mV nicht erreichen, werden sofort durch die Pumpenenzyme ausgeglichen. Erst wenn die Depolarisierung stark genug ist, um den Schwellenwert zu überschreiten – man spricht von einer überschwelligen Depolarisierung der Membran – kommt es zur Auslösung eines Aktionspotenzials, d. h. zum Ladungsausgleich und schließlich zur Ladungsumkehr und Umpolung an der Membran.

**Natrium-Kalium-Pumpe**
→ vgl. S. 47

Während eines APs ändert sich die Duchlässigkeit der Membran mehrfach.

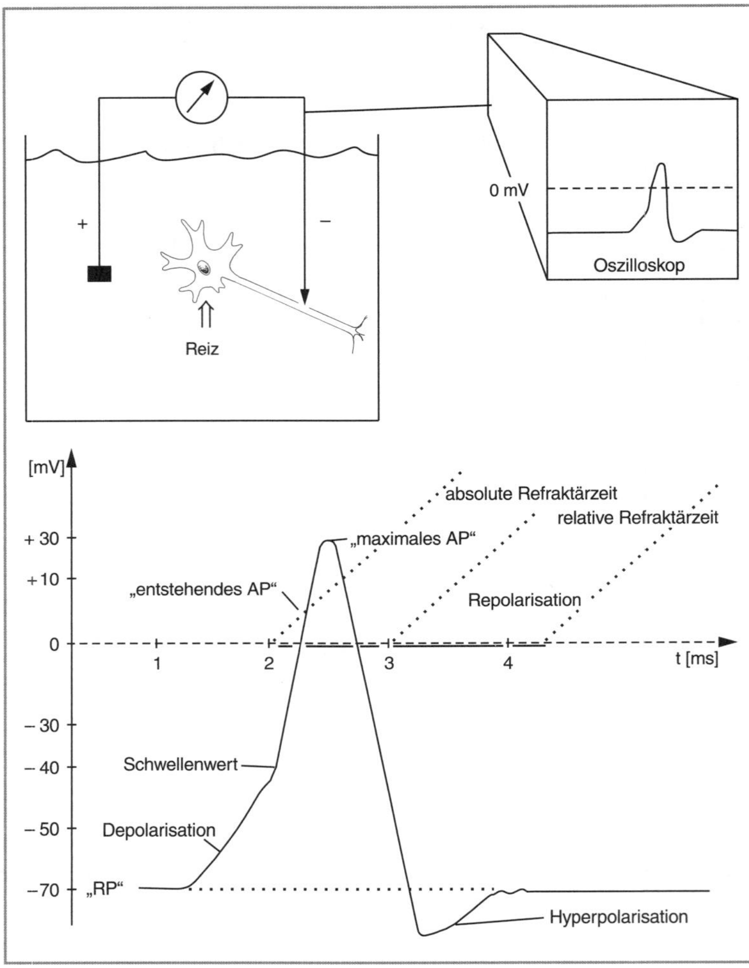


Abb. 31: Ablauf eines Aktionspotenzials (AP).

Die Entstehung von Aktionspotenzialen folgt dem **Alles-oder-Nichts-Gesetz**. Nur das Überschreiten des Schwellenwertes löst ein Aktionspotenzial aus. Dabei ist die Stärke der Erregung ohne Einfluss auf die Höhe des Aktionspotenzials. Jeder Reiz führt entweder zum Überschreiten des Schwellenwertes und löst ein Aktionspotenzial aus oder er bleibt unterschwellig und das Ruhepotenzial wird erhalten.

## 4.2 Erklärung eines Aktionspotenzials

**Spannungsabhängig** ist gleichbedeutend mit spannungsgesteuert.

Bei schwachen, unterschwelligen Depolarisierungen öffnen sich nur einige wenige $Na^+$-Kanäle und nur wenige $Na^+$-Ionen (z. B. 2 $Na^+$) wandern ins Axon. Wird aber der Schwellenwert von ca. −50 mV erreicht, ändert sich das Verhalten der membrangebundenen, **spannungsabhängigen** $Na^+$-Kanäle schlagartig. Gesteuert durch die verringerte Spannung über der Membran öffnen sich die Kanalproteine und erlauben den Einstrom weiterer $Na^+$-Ionen. Explosionsartig sinkt an diesem Membranabschnitt das Membranpotenzial und parallel wächst die Durchlässigkeit der Membran für $Na^+$-Ionen, bis alle $Na^+$-Kanäle geöffnet sind. Nun können $Na^+$-Ionen massiv ins Axon einströmen (z. B. 9 $Na^+$ in Tab. 7).

| Innen: Zellplasma | | Außen: Extrazellularflüssigkeit |
|---|---|---|
| 100 000 − **6** (!) | $K^+$ | 2 000 + **6** (!) |
| 10 000 + **9** (!) | $Na^+$ | 108 000 − **9** (!) |
| 2 000 | $Cl^-$ | 110 000 |
| 108 000 | $A^-$ | 0 |

Tab. 7: Übersicht über die relativen Ionen-Konzentrationen einer **porösen Membran** mit geöffneten **$Na^+$**-Kanälen.

Nach etwa 1 Millisekunde schließen sich die $Na^+$-Kanäle wieder – sonst würde das Aktionspotenzial bis auf +60 mV ansteigen. Das Zellplasma im Axon ist nun positiviert.

Auf diese Umpolung der Membran reagieren nun die ebenfalls spannungsabhängige Kalium-Kanäle indem sie sich öffnen. Jetzt können $K^+$-Ionen massiv aus dem Axon strömen. Der positive Ladungsüberschuss im Axon wird nun wieder ausgeglichen, indem $K^+$-Ionen nach außen abfließen (z. B. 9 $K^+$ in Tab. 8). So wird die ursprüngliche Polung der Axonmembran wieder hergestellt: Die Membran wird **repolarisiert**.

**Repolarisation:** Wiederherstellung der ursprünglichen Ladungsverhältnisse.

**Hyperpolarisation:** Überschießen der Vorgänge zur Repolarisation.

Natürlich schließen sich auch die $K^+$-Kanäle wieder. Trotzdem kommt es häufig zu einer kurzzeitigen **Hyperpolarisation**, d. h. einem Membranpotenzial von ca. −90 mV.

Die ständig arbeitende Natrium-Kalium-ATPase (Abb. 30) „pumpt" $Na^+$-Ionen zurück nach draußen und im Gegenzug $K^+$-Ionen zurück ins Axon, sodass bald auch die typische Ionenverteilung ruhender Membranen wieder hergestellt ist.

| **Innen: Zellplasma** | | **Außen: Extrazellularflüssigkeit** |
|---|---|---|
| 100 000 **– 6 – 9** (!) | **$K^+$** | 2 000 **+ 6 + 9** (!) |
| 10 000 **+ 9** (!) | **$Na^+$** | 108 000 **– 9** (!) |
| 2 000 | **$Cl^-$** | 110 000 |
| 108 000 | **$A^-$** | 0 |

Tab. 8: Übersicht über die relativen Ionen-Konzentrationen einer **porösen Membran** mit geöffneten **$K^+$**-Kanälen.

Eine kurze Zeitspanne von etwa 1 Millisekunde nach einem Aktionspotenzial, in der diese Membranstelle absolut unerregbar ist, nennt man absolute Refraktärzeit oder **absolute Refraktärphase**. In der sich anschließenden **relativen Refraktärphase** können nur besonders heftige Reize erneut ein Aktionspotenzial auslösen.

Ein **Aktionspotenzial** ist eine plötzliche **Änderung** des Membranpotenzials. Aktionspotenziale werden durch eine Zellreizung ausgelöst, die eine **Ladungsumkehr** an der Oberfläche der Zellmembran bewirken.

## 4.3 Entstehung und Weiterleitung von Aktionspotenzialen am Axon

Alle Depolarisierungen, die eine Nervenzelle (als Generatorpotenzial) oder eine primäre Sinneszelle (als Rezeptorpotenzial) erfährt, fließen am **Axonursprung** zusammen. Dort entscheidet sich, ob die zusammengelaufenen Depolarisationen ausreichen, um den Schwellenwert für die Auslösung eines Aktionspotenzials zu überschreiten. Eine unterschwellige Erregung bleibt ohne Folgen am Axonursprung – eine überschwellige Erregung löst ein Aktionspotenzial am Axonursprung aus.

Dieses Aktionspotenzial muss nun über das Axon fortgeleitet werden, um nachgeschaltete Zellen zu informieren. Ein Aktionspotenzial bedeutet die Umpolarisierung der Membran für kurze Zeit an einer sehr eng begrenzten Stelle. Deshalb sind die Ladungsverhältnisse lokal umgekehrt: Das Axoninnere ist nur hier durch Natrium-Ionen positiviert. Außen überwiegen hier negative Ionen (Tab. 9).

Während geöffnete Kalium-Kanäle und aktive Natrium-Kalium-Pumpen die Repolarisierung einleiten, ereignet sich am Ort der Umpolung Folgendes:
Zwischen der erregten Stelle (AP: +30 mV) und der sich „axonabwärts“ anschließenden, noch unerregten Nachbarstelle (RP: –70 mV) fließen Ionen, um die Ladungsunterschiede auszugleichen. Die **Ausgleichs-Strömchen-Theorie** oder kurz Strömchen-Theorie basiert auf der Annahme solcher Ionenströme, Kreisströme oder **Kreisströmchen** (Abb. 32). Das Aktionspotenzial zieht also beiderseits der Axonmembran Ionen von „axonabwärts“ benachbarten Membranstellen ab (Abb. 32). Dort aber senken diese Kreisströmchen das Ruhepotenzial. Diese Depolarisierung reicht nun aus, um dort die spannungsgesteuerten $Na^{+}$-Kanäle zu öffnen und ein neues Aktionspotenzial entstehen zu lassen.

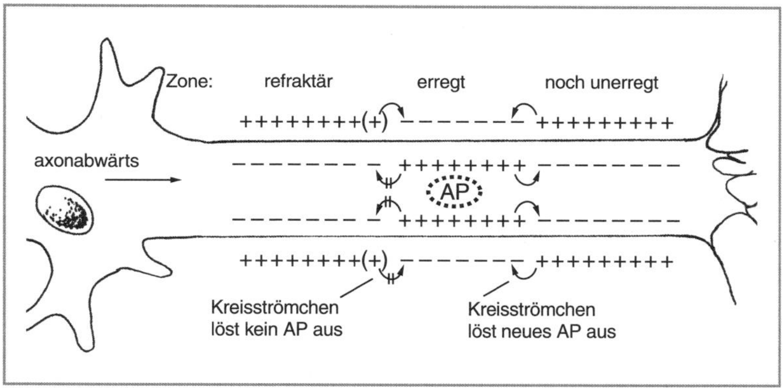


Abb. 32: Gerichtete Informationsweiterleitung: Die Ausgleichsströmchen lösen „axonabwärts“ ein neues Aktionspotenzial aus.

Dieses neue Aktionspotenzial ist ein neuer Vorgang von $Na^{+}$-Einstrom, Umpolung, verzögertem $K^{+}$-Ausstrom und Repolarisierung. Dauer (2 ms), Stärke (ca. 100 mV) und Form jedes Aktionspotenzials sind identisch.
Während der Axonursprung noch unerregbar ist (Refraktärphase) und die Repolarisierung des neuen Aktionspotenzials einsetzt, entsteht noch weiter „axonabwärts“ schon das nächste Aktionspotenzial. Damit ist jedes Aktionspotenzial der Auslöser für das Entstehen neuer Aktionspotenziale an benachbarten Membranstellen. So wird die Erregung, durch passive Kreisströmchen und ständige Neuentstehung von Aktionspotenzialen, ohne Abschwächung das ganze Axon entlang weitergeleitet.

Nun wird auch die **Bedeutung der Refraktärzeit** klar: Die refraktäre Zone grantiert, dass ein Aktionspotenzial nur in eine Richtung, nämlich „axonabwärts" geleitet wird (Abb. 33 A und B). Die Refraktärzeit schneidet dem Aktionspotenzial sozusagen den Rückweg ab und sorgt für eine gerichtete Erregungsleitung am Axon. Außerdem begrenzt die Dauer eines Aktionspotenzials und die der absoluten Refraktärzeit von ca. 2 ms die maximale Aktionspotenzial-Frequenz auf 500 APs/sec.

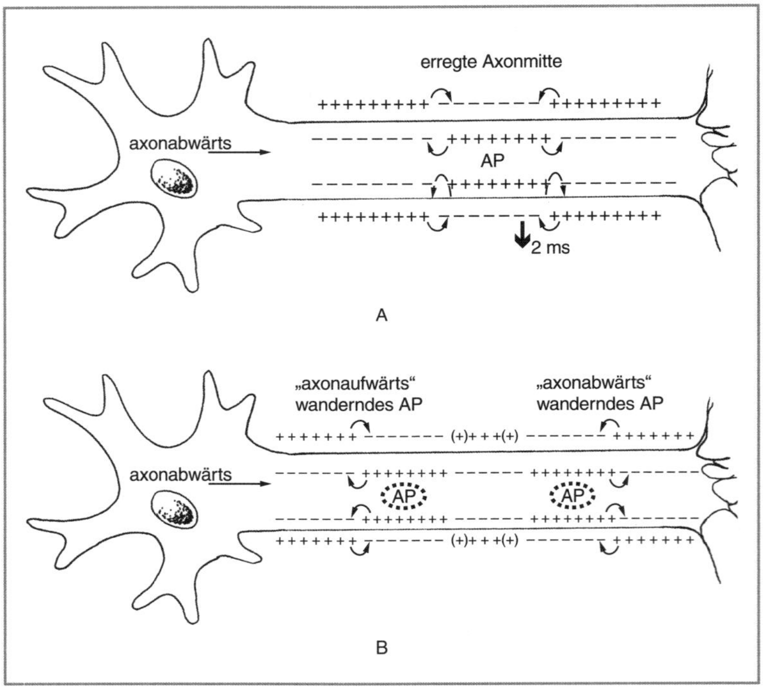


Abb. 33: Laborversuch zur Reizung eines isolierten Axons in der Axonmitte:
(A) Zustand des Axons direkt nach der Reizung, (B) Zustand des Axons 2 Millisekunden nach der Reizung.

## 4.4 Die Codierung der Erregung

Da sich Aktionspotenziale nicht unterscheiden, kann die Heftigkeit eines Reizes nicht in der Dauer oder in der Höhe eines Aktionspotenzials codiert sein. Es gilt folgende Codierungs-Regel:

Je heftiger ein Reiz, desto höher ist die Frequenz der Aktionspotenziale, die am Axonursprung ausgelöst werden.

Allerdings beträgt der zeitliche Mindestabstand zweier „axonabwärts" fließenden Aktionspotenziale 2 ms. Die höchste mögliche Aktionspotenzial-Frequenz beträgt deshalb ca. 500 APs/sec.

## 4.5 Effizientere Nervenfasern

**Marklose Nervenfasern**
→ vgl. S. 40

**Marklose** graue Nervenfasern bei Wirbeltieren und Menschen, ebenso wie die Riesenaxone bei Tintenfischen, senden nach einer heftigen Reizung ihre Depolarisationen bzw. Kreisströme wie Wellen nacheinander „axonabwärts". Auf jeder der Wellen „reitet" ein Aktionspotenzial.

An enorm vielen Stellen des langen Axons entstehen Aktionspotenziale. Dies führt zu Problemen:

Die vielen entstehenden Aktionspotenziale müssen **rasch beseitigt** werden, um die Membranstellen für die nächste Aktionspotenzial-Welle bereit zu machen. Da die $Na^+$-$K^+$-ATPasen **viel ATP** verbrauchen, verliert die Nervenzelle kostbare chemische Energie. Die Geschwindigkeit einer einzelnen „axonabwärts" fließenden Welle und damit auch die Geschwindigkeit der Informationsweiterleitung beträgt je nach Axondurchmesser ca. 0,2–10 m/sec. Tintenfische besitzen Axone mit noch größeren Durchmessern, was den Innenwiderstand verringert und die Informationsweiterleitung beschleunigt. Regenwürmer besitzen locker am Axon anliegende, isolierende Hilfszellen, die die Leckströme senken. Trotz dieser Tricks bleiben die Nervenfasern der Wirbellosen im Vergleich zu Platz- und Materialaufwand **relativ langsam**.

Die Reaktionszeiten bei Wirbeltieren zeigen aber, dass die Erregungsweiterleitung in ihren Nervenfasern bei geringerem Platz- und Materialaufwand ca. 10-mal schneller erfolgt.

**Myelinhülle** → vgl. S. 40

**Saltatorisch:** lat. *saltare* springen

Der Trick der Wirbeltier-Neurone liegt in der **Unterbrechung** der Myelinhülle, die das Axon isolierend umhüllt. Nicht von ungefähr entspricht der Abstand zwischen zwei Ranvier'schen Schnürringen (1–3 mm) genau der Distanz, die ein Ausgleichsströmchen gerade noch überbrücken kann. Die Erregungsleitung an markhaltigen, weißen Nervenfasern wird „springend" oder saltatorisch genannt.
Nur das jeweils nächste, „axonabwärts"-gelegene, nicht isolierte Membranstück wird von den passiven Ionenströmchen erreicht. Das Aktionspotenzial „springt" sozusagen zum nächsten Schnürring „axonabwärts". Die saltatorische Erregungsweiterleitung bewirkt bei gleichwarmen Tieren Leitungsgeschwindigkeiten von bis zu 120 m/sec.

Bei der **saltatorischen Erregungsweiterleitung** werden zwischen den Schnürringen keine Aktionspotenziale ausgebildet, d. h. es wird weder Zeit (Refraktärzeit) noch Energie (ATP) verbraucht.

Der in Wirbeltiernerven realisierte Abstand der Schnürringe erscheint im Lichte der Evolutionstheorie als das Ergebnis eines aus zwei Richtungen wirkenden Selektionsdrucks – als ein Kompromiss zwischen geringem Widerstand und hoher Leitungsgeschwindigkeit.

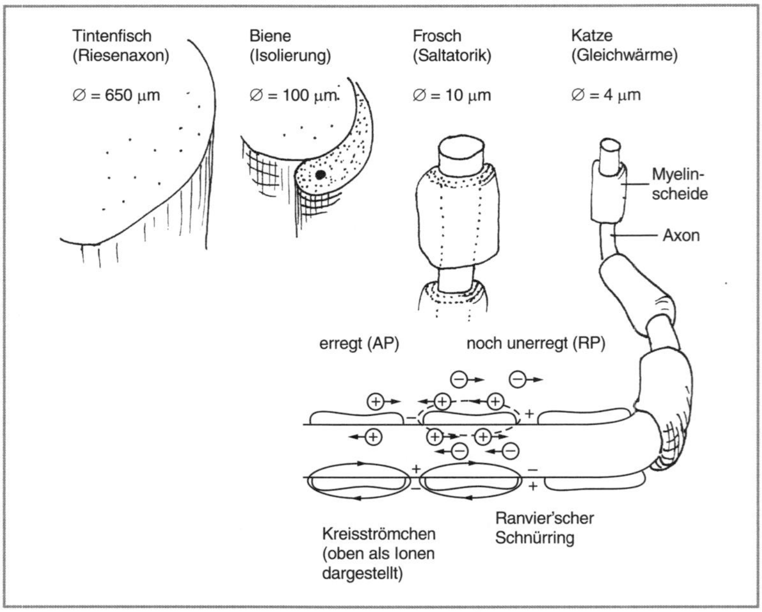


Abb. 34: Vier Nervenfasern mit gleicher Leitungsgeschwindigkeit: 25 m/s.

# 5 Erregungsleitung an Synapsen

Einfachste Kupferkabel leiten elektrische Signale sicher, schnell und weit. Wäre nicht die Erregungsleitung am Axon eine vergleichbare, einfache und ausreichende Möglichkeit, biologische Signale im Körper zu transportieren?
Wie die Leitungsbahnen eines Computers sind auch die Axone der Nervenzellen nur dann von Nutzen, wenn sie sinnvoll verschaltet sind. Solche Schalt- und Verbindungsstellen sind die Synapsen.

## 5.1 Bau von Synapsen

**Synapsen:**
griech. *synapsis*
Verbindung

Betrachtet man die Endigung des Axons eines Motoneurons, so erkennt man, dass das Axon in keuligen Verdickungen ausläuft.
Die axonalen Endknöpfchen liegen sehr nahe bei den vom Motoneuron innervierten Muskelzellen, ohne sie allerdings zu berühren. Diesen Komplex aus Axonendknöpfchen und der darunterliegenden Membran bezeichnet man als Synapse.

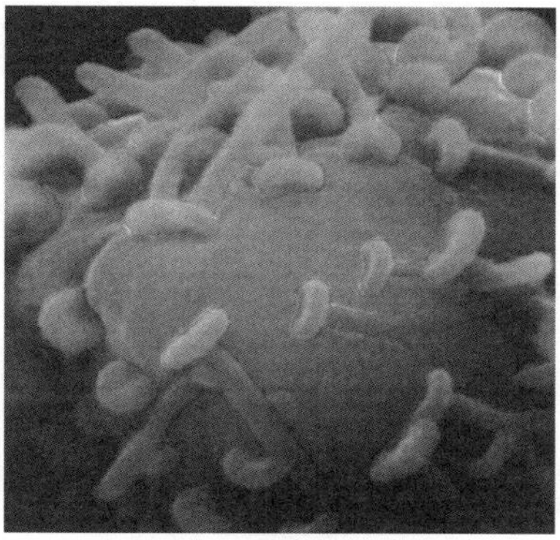

Abb. 35: Rasterelektronenmikroskopische Aufnahme von Endknöpfchen.

Die Bereiche, an denen Neuron und nachgeschaltete Muskel-, Drüsen- oder Nervenzelle am engsten zusammenkommen, nennt man Schaltstellen oder **Synapsen**.

Synapsen zwischen Motoneuron und Muskelzelle nennt man **neuromotorische Synapsen** oder mit dem älteren Begriff „motorische Endplatte“. Am Axon eines Motoneurons können bis zu 200 Endknöpfen abzweigen und somit bis zu 200 verschiedene, meistens benachbarte Fasern quergestreifter Skelettmuskulatur mit Signalen versorgen.

**Zellkommunikation** in anderer Form findet sich als Immunkommunikation.

Synapsen zwischen Neuronen nennt man interneurale Synapsen oder **neuro-neuronale Synapsen**. Interneurale Synapsen in Gehirn und Rückenmark nennt man zentrale Synapsen.
Hier an den Synapsen wird die Erregung von einer Zelle zur nächsten weitergeleitet, d. h. hier erfolgt die Erregungsübertragung, die spektakulärste Form der Zellkommunikation. Grundsätzlich gibt es zwei Arten von Synapsen:
Erstens die rein **elektrischen** Synapsen, bei denen Prä- und Postsynapse in direktem Kontakt stehen. Eine solche elektrische Erregungsübertragung findet sich nur sehr selten – z. B. bei manchen Krebsen.
Zweitens die **chemischen** Synapsen. Diese erkennt man an einem schmalen Abstand zwischen prä- und postsynaptischer Membran. Der **synaptische Spalt** ist angefüllt mit Extrazellulärflüssigkeit und ist nur 10–50 nm breit – besitzt also kaum mehr als die Breite einer Biomembran.
Trotzdem springen die Aktionspotenziale nicht direkt als elektrische Signale über den synaptischen Spalt. Vielmehr erfolgt die synaptische Erregungsübertragung in der Regel mittels **chemischer** Signale als Botenstoffe. Diese Signalmoleküle nennt man Überträgerstoffe oder **Transmitter**.

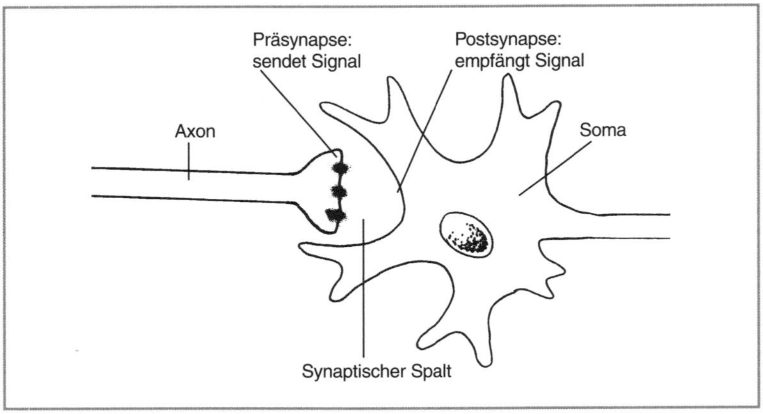


Abb. 36: Modellhafte Synapse – Einbahnstraße der Erregungsübertragung.

## 5.2 Chemische Synapsen

**Otto Loewi** (1873–1961): Der deutsch-amerikanische Pharmakologe und Physiologe entschlüsselte als Erster die Rolle des Acetylcholins bei der chemischen Erregungsübertragung.

1921 konnte Otto Loewi an isolierten Froschherzen die Existenz von chemischen Überträgerstoffen zeigen. Der Herzschlag bei Fröschen wird durch Nerven gesteuert. Die Signale solcher Nerven an die nachgeschalteten Herzmuskelfasern konnten per Pipette abgesaugt werden. Mit dieser Lösung in der Pipette konnte auch der Schlag von fremden Herzen beeinflusst werden. Heute ist der Botenstoff analysiert und seine Strukturformel bekannt – er heißt Acetylcholin (ACh).
Betrachtet man ein einzelnes präsynaptisches Endknöpfchen im Elektronen-Mikroskop, so fallen kreisförmige Strukturen auf. Es handelt sich hierbei um winzige Bläschen, **synaptische Vesikel**. Diese dienen dem Motoneuron zur Speicherung des Transmitters Acetylcholin.
Abb. 37 dient als Übersicht und Lernhilfe zur zeitlichen Abfolge der Abläufe in einer Synapse bei der Erregungsübertragung.

**Präsynaptisch**
→ vgl. S. 58 (Abb. 36)

**Postsynaptisch**
→ vgl. S. 58 (Abb. 36)

Kommt es zur überschwelligen Erregung des Motoneurons, so wandern Aktionspotenziale axonabwärts zu den **Endknöpfchen**. Diese Aktionspotenziale lösen ein Verschmelzen der präsynaptischen Speichervesikel mit der Neuronenmembran aus. So in den **synaptischen Spalt** freigesetztes Acetylcholin diffundiert in weniger als 0,1 ms durch den synaptischen Spalt zur postsynaptischen Membran und erreicht dort sitzende **Rezeptoren**. Wie ein Schlüssel ins Schloss passen die Transmittermoleküle zu ihrem Rezeptor – und verändern dessen Form. Diese Veränderung der Rezeptorenform bewirkt die Öffnung von $Na^+$-Kanälen. Kurzzeitig strömen Natrium-Ionen in die Muskelzelle und depolarisieren die postsynaptische Membran. Ein **postsynaptisches Potenzial** (PSP) entsteht. Je nach auslösender Aktionspotenzial-Frequenz bzw. freigesetzter Transmittermenge variiert das PSP. Erst ab einem Schwellenwert führt das Transmittersignal zur **Kontraktion der Muskelfaser**.
Nur kurz bindet der Transmitter an den Rezeptor. Möglichst rasch nach der erfolgten Signalübertragung muss er den Rezeptor verlassen um eine Repolarisierung der Postsynapse zu ermöglichen. Eine andauernde Aktivierung der Postsynapse muss verhindert werden. Das im Spalt vorhandene Enzym Acetylcholin-Esterase (ACh-E) spaltet Acetylcholinmoleküle in Essigsäure (Acetat) und in Cholin. Würde die Acetylcholin-Esterase ausfallen und damit das ACh dauerhaft an den Rezeptor gekoppelt, wären die postsynaptischen $Na^+$-Kanäle dauerhaft geöffnet und die Postsynapse wäre auf Dauer depolarisiert. Eine solche **Daueraktivierung** z. B. im Bereich der Herz- bzw. Rippenmuskulatur würde aber den Herzstillstand bzw. eine Atemlähmung bewirken und damit den Tod bedeuten.

Ein Enzymmolekül spaltet pro Sekunde ca. 25 000 ACh-Moleküle in die nicht-reaktiven Komponenten Acetat und Cholin. Beide werden dann aus dem synaptischen Spalt per Endozytose in die Präsynapse aufgenommen. ACh wird enzymatisch resynthetisiert und wieder in Vesikel verpackt. Damit ist der **Acetylcholin-Kreislauf** geschlossen und die Transmitterspeicher sind wieder aufgefüllt (Abb. 38).

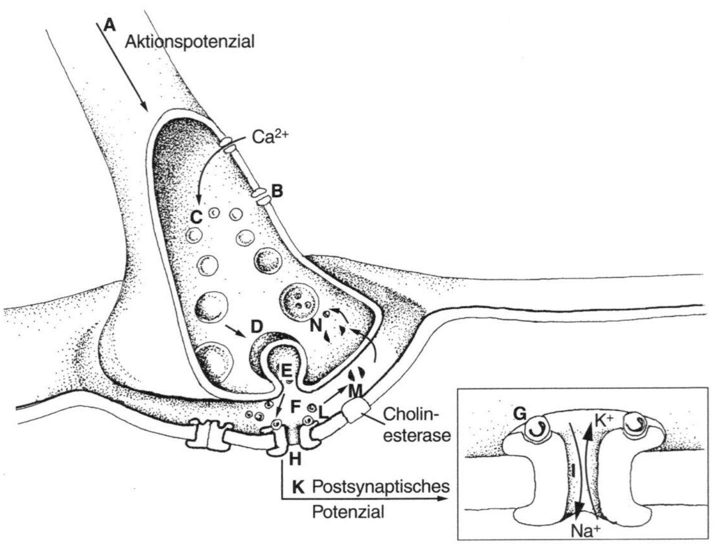


(A) Ein Aktionspotenzial kommt an.
(B) Die $Ca^{2+}$-Kanäle öffnen sich.
(C) Die $Ca^{2+}$-Ionen strömen ein (Konzentrationsausgleich).
(D) Fusion synaptischer Vesikel mit der präsynaptischen Membran.
(E) Es werden Transmittermoleküle frei gesetzt.
(F) Die Transmittermoleküle diffundieren durch den synaptischen Spalt.
(G) Diese Transmittermoleküle binden an den Rezeptor.
(H) Die $Na^+$-Kanäle öffnen sich daraufhin.
(I) $Na^+$-Ionen strömen ein.
(K) Durch die Depolarisierung wird ein Postsynaptisches Potenzial ausgelöst.
(L) Die Transmittermoleküle werden enzymatisch zerlegt und
(M) damit erfolgt die Inaktivierung.
(N) Die Spaltstücke werden in Vesikeln aufgenommen und können wieder verwertet werden.

Abb. 37: Zeitliche Abfolge der Abläufe in einer Synapse bei der Erregungsübertragung.

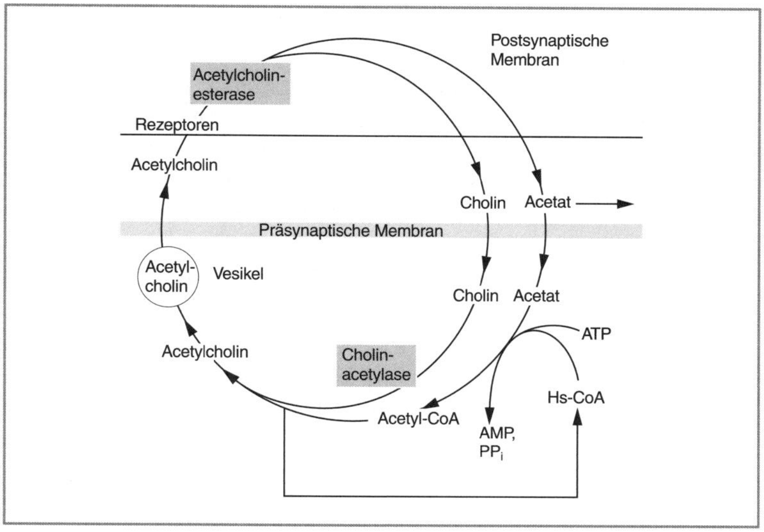


Abb. 38: Acetylcholin-Kreislauf.

Menschen besitzen zwei Sorten von synaptischen Überträgerstoffen: echte Transmitter und Neuro-Hormone.

Gamma-amino-Buttersäure wird abgekürzt als **GABA**.

Echte **Transmitter** wie Acetylcholin, Noradrenalin, Dopamin, Serotonin und GABA wirken als kurzlebige Botenstoffe im Extrazellulärraum auf die Kanäle ihrer Zielzellen.

Echte **Transmitter** sind chemische Substanzen, die als kurzlebige **Überträgerstoffe** Erregungen auf ihrer Zielzellen übertragen und sehr schnell enzymatisch abgebaut oder wieder resorbiert werden.

**Neurohormone**
→ vgl. S. 108

**Neurohormone** oder Neuropeptide bestehen aus 2–39 Aminosäuren. Sie werden ins Blut sezerniert, haben eine große Reichweite und eine, mit Transmittern verglichen, relativ hohe Lebensdauer. Zu ihnen zählen z. B. Endorphine, die wie Morphine an Opiat-Rezeptoren binden. Endorphine, Enkephaline und andere Neuro-Hormone wirken über G-Proteine oder über die direkte Aktivierung von Enzymen (z. B. Tyrosinkinasen).

## 5.3 Codierung und Codewechsel an Synapsen

Betrachtet man ein Signal, das eine Nervenzelle erreicht und durchwandert, um auf eine nachgeschaltete Zelle übertragen zu werden, so fällt die mehrfache **Umcodierung** des Signals auf:
Ein Dendrit leitet das abgesenkte Membranpotenzial zum Zellkörper. Das Ausmaß der **Potenzialabsenkung** entspricht der am Dendriten erfahrenen Erregung bzw. Reizung und ist kontinuierlich **veränderlich**. Am Axonursprung können viele solcher Signale zusammenlaufen und einen Schwellenwert überschreiten. Die **Signalstärke** kann durch das Alles-oder-Nichts-Gesetz und die Einheitlichkeit aller Aktionspotenziale **nur** durch eine **variable Frequenze** von Aktionspotenzialen ausgedrückt werden. An der Präsynapse erfolgt ein weiterer Codewechsel: Es werden der Signalstärke entsprechende **Transmittermengen** freigesetzt. Die Stoffmenge ist wieder eine kontinuierlich **veränderliche** Größe. Andererseits stellt jedes synaptische Bläschen ein festgelegtes Transmitterquantum dar, das um ca. 1 mV zur Absenkung des Postsynaptischen Potenzials beiträgt.

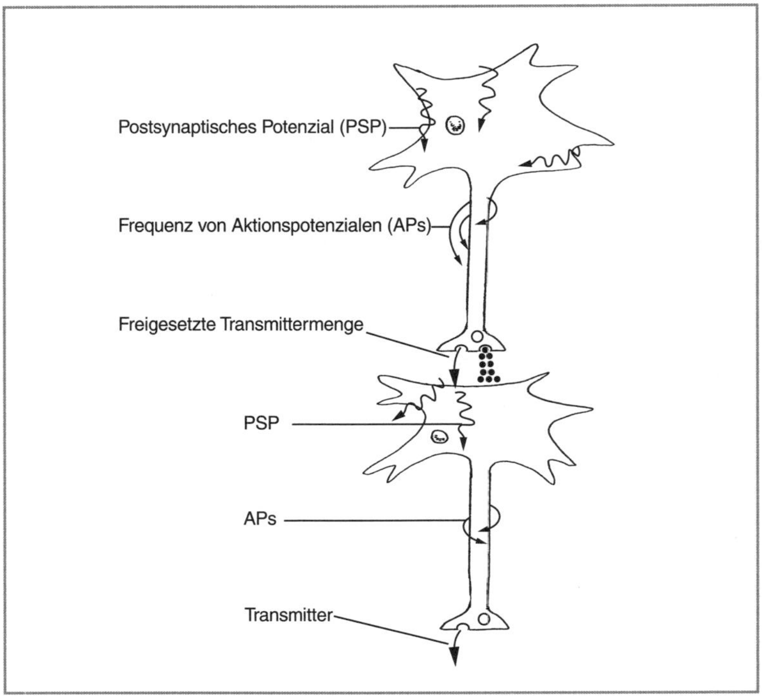


Abb. 39: Erregungsübertragung zwischen Neuronen.

Auf den ersten Blick mutet diese Anhäufung von Codewechseln und Signalwechseln auf engstem Raum kompliziert und sinnlos an. Käme es nur darauf an, Signale durch den Körper zu transportieren, wäre die Erregungsleitung am Axon eine einfache und ausreichende Möglichkeit. Axone wären als „Stromkabel“ ausreichend. Erregungsleitung an Synapsen bedeutet jedoch weit mehr als Informationsweiterleitung. Synapsen sind es, die die „Stromkabel“ des Körpers verschalten und die Neurone in „Taschenrechner“ und „Computer“ verwandeln.

**Synapsen** können Informationen nicht nur weiterleiten, sie dienen vielmehr der Informationsverarbeitung.

## 5.4 Funktionen von Synapsen

Leiterbahnen und eine Vielzahl komplizierter Schaltelemente sind die Bausteine eines jeden Computers. Dagegen setzt sich das Gehirn aus Axonen und einer einzigen Art von Schaltelementen zusammen – den Synapsen. Die einfach anmutenden Synapsen funktionieren beispielsweise als Signalwandler, Gleichrichter, Filter, Weichen und Aufzweigungen und leisten die gesamte neuronale Informationsverarbeitung.

### Synapsen als Signalwandler

Synapsen setzen die Aktionspotenzial-Frequenz in eine Transmitter-Menge um.

### Synapsen als Gleichrichter

Synapsen garantieren die gerichtete Weiterleitung von Signalen, da sie nur von der Prä- zur Postsynapse übertragen werden.

### Synapsen als Filter

Synapsen sind Orte, an denen einzelne Aktionspotenziale und extrem niedrige Aktionspotenzial-Frequenzen „erlöschen“, also nicht zur Fusion von Vesikelmembran und Präsynapse führen oder nur unmerkliche Absenkungen im Potenzial der Postsynapse bewirken. Erst ab einer gewissen Eingangsfrequenz von Aktionspotenzial an der Präsynapse genügt die transmittervermittelte Depolarisation der Postsynapse, um später am Axonursprung der postsynaptischen Nervenzelle ein Aktionspotenzial bzw. eine Aktionspotenzial-Frequenz auszulösen (Abb. 40).

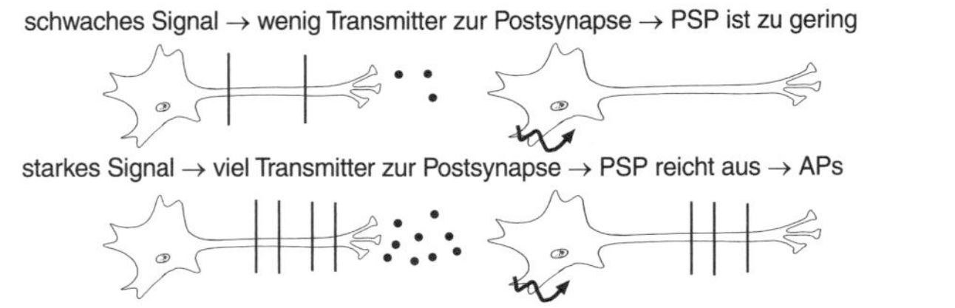


| AP-Eingang | Transmittermenge | PSP | AP-Ausgang |
|---|---|---|---|
| 2 APs | 1 Bläscheninhalt | – 80 mV → –79 mV | 0 AP |
| 100 APs | 30 Bläschen | – 80 mV → –50 mV | 30 –100 APs |

Abb. 40: Synapsen filtern Signale.

## Synapsen als Schaltstellen in NZ-Netzen

Synapsen ermöglichen Aufzweigungen und komplizierteste Vernetzungen. So kann das Großhirn als ein Netz aus ca. 20 Milliarden Neuronen aufgefasst werden, das zu Aufnahme, Weiterleitung, Verarbeitung, Speicherung und Reaktivierung von Informationen dient.

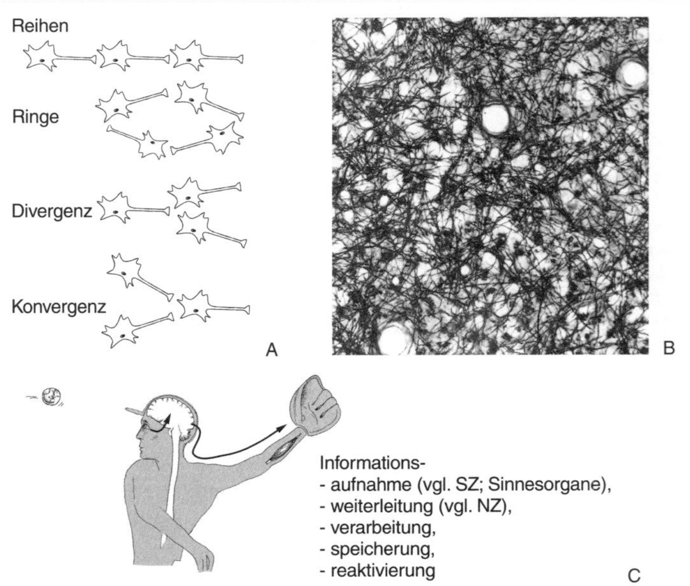


Abb. 41: Nervennetze: (A) Einfache Schaltungen, (B) Neuronenkultur, (C) Gehirn.

## Synapsen als Stellen zur Verrechnung von Information

Das postsynaptische Potenzial wandert von der depolarisierten Postsynapse bis zum Axonursprung ohne Verstärkung. Hierbei kommt es zu Leitungsverlusten. Oft wird ein einzelnes Signal auf diesem Weg so weit abgeschwächt, dass es kein Aktionspotenzial mehr auslösen kann. An den Synapsen werden diese abgeschwächten Signale wieder verstärkt oder aufgefrischt. Diese Aufgabe kann durch die folgenden Vorgänge erreicht werden:

- **Zeitliche Summation:** Erreichen weitere Signale die Postsynapse, bevor das wandernde postsynaptische Potenzial erloschen ist, so addieren sich die wandernden Potenzialwellen. Kurz nacheinander am Axonursprung eintreffende postsynaptische Potenziale addieren sich und lösen gemeinsam ein Aktionspotenzial aus.
- **Räumliche Summation:** In der Regel erhält ein Neuron Signale von mehreren anderen Neuronen. Die verschiedenen postsynaptischen Potenziale überlagern sich und werden in ihrer Wirkung am Axonursprung räumlich addiert. Schwache Signale können so verstärkt werden.
- **Hemmungen:** Es gibt nicht nur die normalen oder erregenden Synapsen, deren Präsynapse runde Vesikel voller Acetylcholin enthält, das depolarisierend auf die Postsynapse einwirkt.
  Daneben gibt es Synapsen mit einer hemmenden Wirkung, die **Hemmsynapsen**. Fast immer erscheinen die Transmittervesikel dieser Synapsen oval und vergleichsweise dunkel. Sie enthalten z. B. die Aminosäuren Glycin oder GABA.
  GABA öffnet in der Postsynapse Chlorid-Ionenkanäle und bewirkt über diesen $Cl^-$-Einstrom eine Hyperpolarisation der Postsynapse (ca. –90 mV). Das entstehende Potenzial nennt man ein Inhibitorisches postsynaptisches Potenzial (IPSP). Das normale postsynaptische Potenzial bekommt nun die präzisere Bezeichnung Exzitatorisches postsynaptische Potenzial (EPSP).
  Ein IPSP breitet sich wie ein EPSP zum Axonursprung aus bewirkt dort aber eine Erschwerung einer Aktionspotenzial-Auslösung.
  Im Gehirn senden oft bis zu 20 000 Neurone ihre Signale auf ein nachgeschaltetes Neuron. Jedes Neuron verrechnet ständig diese Informationsflut und reagiert entsprechend der Gesamtsumme der eingetroffenen PSPs mit der Auslösung eigener Aktionspotenziale.

**Inhibitorisch:** lat. *inhibere* bremsen

**Exzitatorisch:** erregend bzw. anregend

## 5.5 Störungen der Synapsenfunktion

Allmählich lässt sich die Bedeutung von Synapsen erahnen. Gerade diese herausragende Bedeutung macht Synapsen zu idealen Zielen für verschiedene Gifte, Drogen und Medikamente.
Nervenzellen und auch Synapsen sind labile Strukturen und können deshalb leicht in ihrer Funktion gestört werden. **Kälte** bewirkt beispielsweise veränderte Reaktionsgeschwindigkeiten bis zum totalen Zusammenbruch jeder Nervenfunktion. **Hitze** dagegen kann über die Denaturierung von lebensnotwendigen Enzymen zum Absterben von Nervenzellen führen. Eine **Unterversorgung** mit Sauerstoff oder Glucose hat einen tödlichem ATP-Mangel zur Folge, während andere Enzymgifte wie **Schwermetalle** oder **Blausäure** vergleichsweise unspezifisch töten.

**Lebensnotwendige Enzyme** sind z. B. die potenzialausgleichenden Natrium-Kalium-ATPasen oder die transmitterregenerierenden Acetylcholin-Esterasen.

Wesentlich spezifischer wirken die in Abbildung 42 und Tabelle 9 verdeutlichten **Nervengifte. g-Strophantin** (Abb. 42 A), das Gift des *Strophantus*-Strauches dient den Pygmäen in Westafrika zum Bestreichen ihrer Blasrohrpfeile. Dieses Gift blockiert die Natrium-Kalium-ATPasen, das Membranpotenzial bricht zusammen und die Skelettmuskulatur erlahmt. Bakterien, die auf Fleisch oder Joghurt leben und tödliche Lebensmittelvergiftungen verursachen, setzen das **Botulinus-Gift** (Abb. 42 B) frei. Es stoppt die synaptische ACh-Freisetzung, dadurch erlahmt die Skelettmuskulatur und die Atmung setzt aus.

**Acetylcholin**
→ vgl. S. 59 ff.

Spannend sind die Zusammenhänge zwischen den Acetylcholin-Rezeptoren in Skelett- und Herzmuskelfasern und verschiedenen, strukturanalogen Nervengiften:
**Alkylphosphate** (Abb. 42 C), also Phosphorsäureester wie z. B. das Pflanzenschutzmittel und Insektizid E 605 oder die Nervengase Sarin, Tabun und Tetra-Isopropyl-Pyro-Phosphat sind so genannte kompetitive Hemmstoffe der Acetylcholin-Esterase.

**Strukturanaloge** Moleküle besitzen einen ähnlichen Bau und können deshalb von Enzymen oder Rezeptoren verwechselt werden.

Bei der **kompetitiven Hemmung** konkurrieren Fremdstoffe (Strukturanaloga) mit dem eigentlichen Substrat eines Enzyms.

**Nikotin** (Abb. 42 D), das Gift der Tabakpflanze, aktiviert die nikotinischen ACh-Rezeptoren im Skelettmuskel und der Skelettmuskel verkrampft; Nikotin verursacht also Muskelzittern. Gelangen nur 20–50 mg Nikotin per Injektion oder über den Darm ins Blut, so wären diese Krämpfe der Atemmuskulatur tödlich. Die niedrigeren Nikotin-Dosen beim Tabak-Rauchen wirken beruhigend und verdauungsfördernd – deshalb bekommen junge Raucher oft Durchfall. Die Blutgefäße in der Haut werden verengt, wodurch die Haut-Temperatur sinkt und das Riskio für Raucherbeine steigt.

**Muskarin:** lat. *Musca domestica* Stubenfliege

**Muskarin** (Abb. 42 D), das Gift des Fliegenpilzes, aktiviert die muskarinischen ACh-Rezeptoren im Herzmuskel und der Herzmuskel verkrampft. Daneben kommt es auch zu Sinnestäuschungen und deshalb war Fliegenpilz ein wichtiger Bestandteil vieler mittelalterlicher „Hexensalben“. Exakt dosiert wirkt auch Muskarin verdauungsanregend und beruhigend.

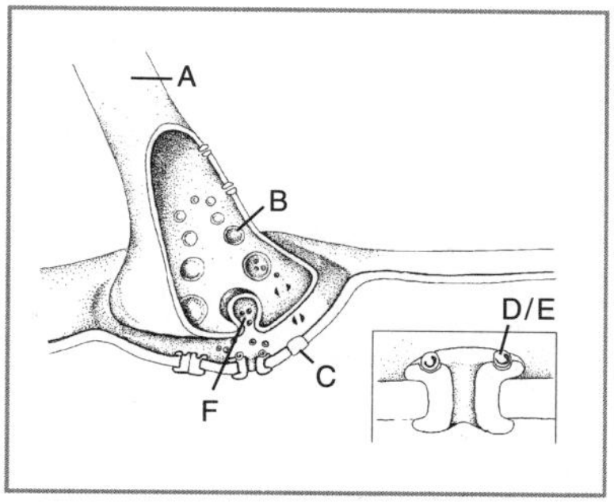


Abb. 42: Nervengifte stören die Synapsenfunktion. Die Buchstaben sind in Tabelle 9 erklärt.

| Nervengift | Vorkommen | Wirkung | Folgen | Nr. |
|---|---|---|---|---|
| Strophantin | *Strophantus-pflanze* | hemmt $Na^+$-$K^+$-Pumpe | Skelettmuskel gelähmt | A |
| Botulinusgift (Botulinustoxin) | *Clostridium botulinum* | stoppt ACh-Freisetzung | Skelettmuskel gelähmt | B |
| Alkylphosphate: E 605<br><br>Sarin | Labor: Pflanzenschutzmittel<br><br>Giftgas | hemmt ACh-Esterase | Skelettmuskel verkrampft ⟶ Atemstillstand | C |
| Nikotin, Muscarin | Tabakpflanze, Fliegenpilz | Aktivierung von ACh-Rezeptoren | Muskel verkrampft | D |
| Curare, Atropin | Stychnosbaum, Tollkirsche | Blockierung von ACh-Rezeptoren | Muskel gelähmt□ | E |
| Latrodectin (Spinnengift) | Schwarze Witwe | schlagartige Freisetzung aller ACh-Moleküle | Skelettmuskel verkrampft ⟶ Atemstillstand | F |
| Strychnin | Brech-Nuss-Pflanze | blockiert Gylcin-Rezeptoren | Hemmsynapsen abgeschaltet ⟶ Dauererregung | – |
| Tetanustoxin | Tetanus-Bakterien | blockiert Gylcin-Rezeptoren | Hemmsynapsen abgeschaltet ⟶ Wundstarrkrampf | – |

Tab. 9: Übersicht verschiedener Nervengifte.

**Curare** (Abb. 42 E) ist ein Giftcocktail, dessen Hauptbestandteil aus der Rinde des *Stychnos*-Baums stammt. Curare blockiert die nikotinischen ACh-Rezeptoren im Skelettmuskel. Diese Lähmungen bis zum Atemstillstand verschafften Curare seinen schaurigen Ruf als „das“ südamerikanische Pfeilgift. Aber Curare wird auch im Operationssaal benutzt. Während man den Patienten beatmet, kann die Operation bei völlig entspannten, weil gelähmten Bauchmuskeln stattfinden, ohne dass das Herz, in dem es nur muskarinische ACh-Rezeptoren gibt, erlahmt. Curare dient auch als Gegenmittel gegen das eigentlich verbotene Kampfgas Sarin.

**Atropin:** lat. *Atropa belladonna* Tollkirsche

**Atropin** (Abb. 42 E), das Gift der Tollkirsche, blockiert die muskarinischen ACh-Rezeptoren im Herzmuskel. Herz und Eingeweidemuskeln werden gelähmt. Eine andere Wirkung von niedrig dosiertem Tollkirschgift nutzen schon die Damen im alten Rom. Sie rieben sich das Gift in die Augen, um weitere Pupillen und damit ein sympathischeres Aussehen zu erlangen. Auch in mittelalterlichen Liebestränken und -salben durfte die toll-machende Kirsche nicht fehlen. Die Pupillenweite bzw. die Irismuskeln werden über nervöse Systeme gesteuert, den Sympathikus und den Parasympathikus.

**Sympathikus und Parasympathikus**
→ vgl. S. 102 ff.

Als **Psychopharmaka** werden alle Medikamente bezeichnet, die der Behandlung psychischer Leiden dienen.

**Endorphine**
→ vgl. S. 61 und 108

Viele **Psychopharmaka** und **Drogen** stören ebenfalls die Funktion der Synapsen und verändern Stimmung und Verhalten. So zahlreich wie die verschiedenen Drogen, so unterschiedlich ist auch deren Wirkungsweise. Beispielsweise binden Opiate (Morphium) und körpereigene Endorphine an spezifische Opiat-Rezeptoren und stoppen das Schmerzempfinden. Andere Drogen wie Kokain bewirken Dauererregung an Synapsen. Gemeinsam ist aber allen, dass sie zu einer körperlichen und psychischen Abhängigkeit führen.

**Psychoaktive Stoffe** beeinflussen neben dem Zentralennervensystem auch Gefühle und Stimmungen.

Drogen sind **psychoaktive** Stoffe, die, als Rauschmittel missbraucht, zur Sucht, also zu einer körperlichen und psychischen Abhängigkeit führen.

Die Vielfalt der Transmitter und die Unterschiedlichkeit ihrer Wirkungsweisen ermöglichen die exakte Verrechnung von Nervensignalen, z. B. in unserem Gehirn.

**Agonist:** Mitspieler
**Antagonist:** Gegenspieler

| Transmitter | Haupt-Vorkommen | Wichtige Strukturanaloge |
|---|---|---|
| **Acetylcholin** | Nikotinischer ACh-Rezeptor in Skelettmuskel | Agonist: **Nikotin** erregt<br>Antagonist: **Curare** hemmt |
| | Muskarinischer ACh-Rezeptor in Herzmuskel, Eingeweidemuskeln und ZNS (Kerne im Mittelhirn, Parasympathikus) | Agonist: **Muskarin** erregt<br>Antagonist: **Atropin** hemmt |
| **Noradrenalin** | Herzmuskel, Eingeweidemuskeln, ZNS z. B. Blauer Kern im Hirnstamm, Sympathikus (präganglionäre Fasern) | Agonist: **Mescalin** erregt |
| **Dopamin** | erregende Wirkung z. B. im Mittelhirn (schwarze Substanz) | Agonist: **LSD**<br>Amphetamine setzen Dopamin frei |
| **Serotonin** | dämpfende Wirkung z. B. in Hypothalamus, Hirnstamm (Schlafzentren) | – |
| **Glutaminsäure** | erregende Wirkung z. B. im Neocortex und in der Kleinhirnrinde (Körnerzellen) | – |
| **GABA**<br>gamma-amino-Buttersäure | hemmende Wirkung z. B. in Neocortex | Agonist: **Valium** u. a. Beruhigungsmittel Nikotin beruhigt über nikotinische GABA-Rezeptoren |
| **Glycin** | hemmende Wirkung z. B. in Kleinhirn, Rückenmark | Nikotin beruhigt über nikotinische Glycin-Rezeptoren |

Tab.10: Übersicht zu Transmittern.

**Veitstanz** (Chorea): Gruppe von Erkrankungen, die mit (extrapyramidalen) Bewegungsstörungen einhergehen.

Auch **Nervenkrankheiten** bringt man zunehmend in Zusammenhang mit Störungen an Synapsen. So leiden schizophrene Patienten ausnahmslos an einem Zuviel an Dopamin. Parkinson-Patienten hingegen fehlen ausreichende Mengen von Dopamin. Patienten mit krankhafter Schlafstörung, mit Epilepsie- oder Veitstanz-Symptomen besitzen zuwenig GABA und damit zu inaktive Hemmsynapsen. Neben diesen bereits bekannten Funktionsstörungen werden derzeit die mit der Alzheimer-Erkrankung einhergehen synaptischen Störungen intensiv erforscht.

# 6 Bau und Funktion der Muskulatur

Chemische Energie wird, in Nährstoffen gespeichert, dem Körper zugeführt. Bei der Veratmung der Nährstoffe entsteht energiereicheres ATP. Muskeln wandeln die im ATP gespeicherte chemische Energie in mechanische Energie um.

## 6.1 Der Bau der Muskeln

Im menschlichen Körper gibt es drei Sorten von Muskeln, die sich in ihrem Bau unterscheiden.

### Die Glatte Muskulatur

Die Glatte Muskulatur oder Eingeweidemuskulatur dient der Kontraktion von Darm, Harnblase und Blutgefäßen. Sie besteht aus 0,05–0,2 mm langen, spindelförmigen Zellen mit einem einzigen Zellkern. Dieser Muskeltyp erlaubt nur eine relativ langsame Kontraktion, die aber lange aufrecht erhalten werden kann.

### Die Herzmuskulatur

Die Herzmuskulatur kontrahiert das Herz und treibt so den Blutstrom an. Laufend entstehen im Herzmuskel Aktionspotenziale. Hierzu ist keine Erregung durch das ZNS nötig. Lediglich das vegetative Nervensystem wirkt steuernd auf die Herztätigkeit ein. Die Herzmuskelzellen besitzen einen einzelnen Zellkern und eine Querstreifung, wie sie auch für den Skelettmuskel typisch ist.

**Wirkung von Sympathikus und Parasympathikus** → vgl. S. 102 ff.

### Die Skelettmuskulatur

**Skelettmuskeln** halten den Körper aufrecht und erlauben die Fortbewegung. Sie bestehen aus vielen Bündeln von **Muskelfasern**, die von einem Bindegewebe umhüllt sind. Eine einzelne Muskelfaser kann einen Durchmessr von 0,01–0,1 mm und eine Länge von 15 cm haben. Sie ist durch die Verschmelzung vieler Zellen entstanden und besitzt deshalb viele Zellkerne. Jede Muskelfaser enthält parallel nebeneinander liegend Hunderte von langen feinen Eiweißfäden – die **Muskelfibrillen**.

**Sarkoplasmatisches Retikulum (SR):** Sehr stark verzweigtes Endoplasmatisches Retikulum (ein Netzwerk aus Biomembranen in der Zelle) mit Kontakt zur Membran der Muskelfaser.

Diese Muskelfibrillen liegen, wie auch die Zellkerne, Mitochondrien und das Sarkoplasmatischem Retikulum (SR) im Plasma der Muskelfaser.

Jede Muskelfibrille (Abb. 43) besteht aus vielen hintereinander aufgereihten Einheiten – den **Sarkomeren**. Eiweißscheiben, so genannte Z-Scheiben begrenzen ein Sarkomer längs. Dünne Eiweißfäden, die **Aktin-Filamente**, bilden hell erscheinende I-Bänder und die dickeren **Myosin-Filamente** bilden in jeder Sarkomermitte ein dunkleres A-Band. Die einheitliche Lage der Sarkomere in den parallel verlaufenden Muskelfibrillen führt zur **Querstreifung** der Muskelfaser.

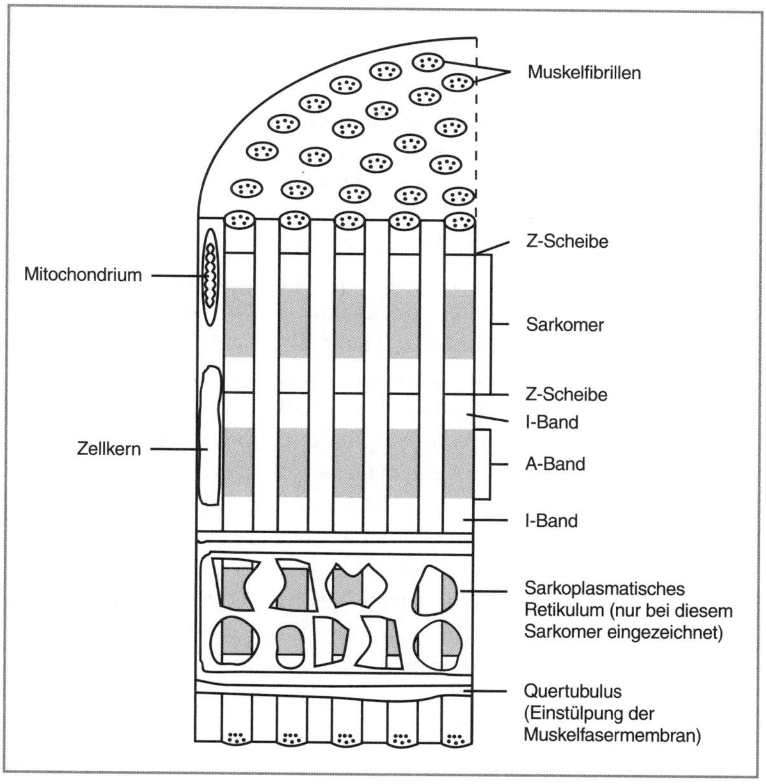


Abb. 43: Feinstruktur der Muskelfaser.

Ein Myosin-Filament besteht aus ca. 200 Myosin-Molekülen. Jedes dieser Moleküle erinnert an einen Golfschläger, dessen Kopf zum Stiel hin umgeklappt werden kann (Abb. 44).

## 6.2 Die Funktion der quergestreiften Muskelfasern

Erreicht ein Aktionspotenzial eine Muskelfaser, so breitet sich die Potenzialänderung über die Muskelfaser aus und erreicht bald die Membraneinstülpungen und damit das Sarkoplasmatische Retikulum. Hier strömen schlagartig Calciumionen aus dem Sarkoplasmatischen Retikulum ins Plasma und diffundieren zwischen die Filamente (Abb. 44 A). Die Calciumionen lösen die Bindung der Myosin-Köpfe an die benachbarten Aktinmoleküle aus (Abb. 44 B). Die ans Aktin gekoppelten Myosin-Köpfe klappen nun zur Sarkomermitte hin um und ziehen dabei die Aktin-Filamente ein Stückchen näher zur Sarkomermitte. Die Z-Scheiben nähern sich einander und die betroffenen I-Bänder werden schmaler. Da hierbei die Aktin- und Myosin-Filamente ihre Länge nicht verändern, sondern lediglich zusammengleiten, spricht man von **Filament-Gleit-Mechanismus** (Abb. 44 C). Das Ineinandergleiten der Filamente verkürzt ein Sarkomer um ca. 10 nm. Betroffene Sarkomere, Muskelfibrillen, Muskelfasern bzw. Muskeln werden verkürzt, d. h. angespannt.
Der Myosin-Aktin-Komplex löst schon 10–100 ms nach seiner Entstehung die Spaltung von ATP aus. Zeitgleich werden Calciumionen durch lonenpumpen – also aktiv – zurück ins Sarkoplasmatische Retikulum gebracht. Die Energie aus der ATP-Spaltung und die geringe Konzentration an Calciumionen erzwingt die Trennung der Myosin-Köpfchen vom Aktin und zur Rückkehr der freien Myosin-Köpfchen in ihre Ausgangsposition (Abb. 44 D). Erst neue Calciumionen bewirken den nächsten Ruderschlag der Myosin-Köpfchen. Wie Ruderer oder eine Mannschaft beim Tauziehen, die das Tau durch wiederholtes Nachgreifen an sich vorbei gleiten lässt, arbeiten die Myosinköpfchen zusammen.
Fehlt einem Muskel ATP, so erstarrt dieser, weil die Myosinköpfe nicht mehr vom Aktin gelöst werden. ATP-Mangel ist die Ursache der Totenstarre.

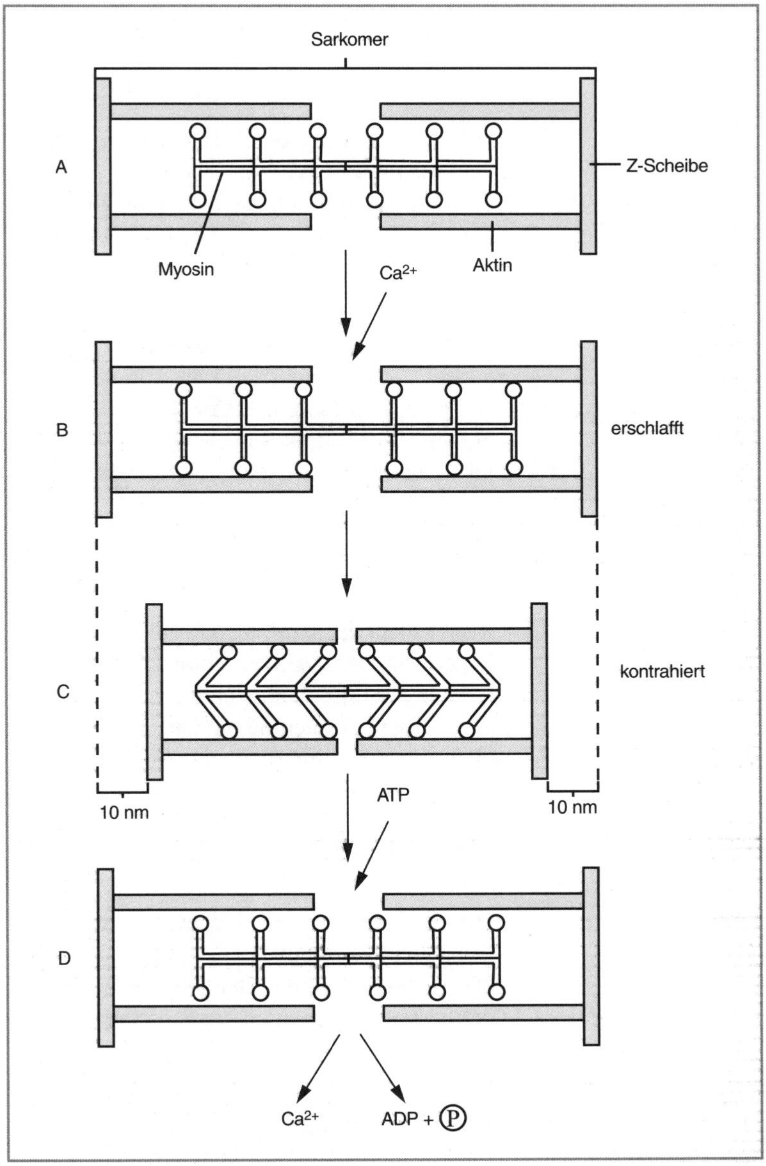


Abb. 44: Schematische Darstellung des Filament-Gleit-Mechanismus.

# 7 Gedächtnis und Gedächtnismodelle

Informationen werden aufgenommen, weitergeleitet, verarbeitet, gespeichert und reaktiviert. Das Rätsel um Lernen und Gedächtnis führt zu Fragen, nach dem Selbstverständnis des Menschen und den Grenzen der Wissenschaft.

## 7.1 Das Drei-Stufen-Modell

**bit** ist die Abkürzung für engl. *binary digit* Dualziffer; Binärentscheidung.

Jeder kennt die Grenzen der eigenen Gedächtnis-Speicherkapazität (Abb. 45).
Die Maßeinheit für Informationen ist das „bit“. Ein „bit“ bedeutet die Entscheidung zwischen 0 und 1 oder ja und nein. Leicht nachvollziehbare Untersuchungen zu Gedächtnis-Leistungen führten zu einem dreistufigen Gedächtnismodell (Tab. 12). Die Sinneszellen empfangen ca. $10^{10}$ bit/s. Davon werden jedoch nur ca. 16 bit/s in das Kurzzeitgedächtnis aufgenommen. Die restliche Informationsflut wird nicht bewusst wahrgenommen. Jede der als Gefäße gedachten Gedächtnisstufen filtert und speichert also Informationen. Dieses Modell veranschaulicht beispielsweise, wie Informationen ausgefiltert, also vergessen werden, und wie andere Informationen tief im Langzeitgedächtnis verankert werden. Kriterien für die Aufnahme und Abspeicherung von Informationen in tiefere Gedächtnisstufen sind Bedeutung oder Anzahl an Wiederholungen der Informationen. Häufig erlebt man, dass ältere Menschen „mit randvollen Speichern“ in der Vergangenheit leben.

Abb. 45: Begrenzte Kapazitäten.

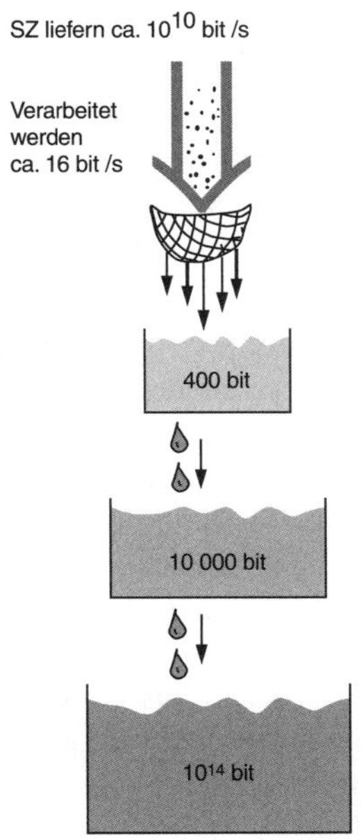


| | 3 Gedächtnis-stufen | Speicher-zeit | Beispiele |
|---|---|---|---|
| | Kurz-Zeit-Gedächtnis (KZG) | bis 25 sec | unbedeutende Telefonnummern |
| | mittelfristiges Gedächtnis (MZG) | Minuten bis Tage | Schulwissen |
| | Lang-Zeit-Gedächtnis (LZG) | Jahre | eigener Name |

Tab. 11: Drei-Stufen-Modell zum Gedächtnis.

## 7.2 Synapsen – Basis für Lernen und Gedächtnis

1911 stellte S. Ramon y Cayal die Hypothese auf, die Gedanken seien elektrische Erregungsströme in veränderlichen neuronalen Netzwerken. Eine andere Hypothese ging von der stofflichen Speicherung der Gedächtnisinhalte aus. Speichermoleküle repräsentieren Informationen wie Druckerfarbe die Begriffe in einem Lexikon oder Nukleinsäuren unsere Erbinformationen.

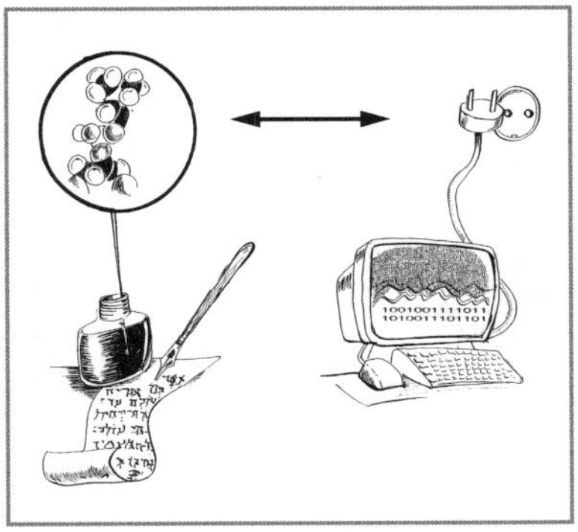

Abb. 46: Moleküle oder Strom?

**mRNA:** messenger Ribonukleinsäure; Boten-RNA

Die Frage nach dem neuronalen Speicher-Prinzip wurde drängender: Arbeitet der menschliche Datenspeicher mit Strom wie ein Computer oder mit Speichermolekülen, die sich ansammeln wie Tinte in einem geschriebenen Buch?
1967 stellte Hydén seine Versuche mit Plattwürmern vor und es schien so, als ob diese Tiere mit dem Verzehr von Artgenossen auch deren Wissen aufgenommen hätten. Das Rätsel schien gelöst. Die Speichermoleküle schienen „mRNA“ zu sein. Studenten sahen neue Hoffnungen. „Friss Deinen Professor“ wurde zur Parole. Professoren und Forscher in aller Welt prüften die Versuche und fanden: Hydén hatte sich geirrt. Später suchte man nach spezifischen Speicherproteinen – vergeblich. Heute geht man davon aus, dass es keine Gedächtnismoleküle gibt.
Vielmehr scheinen Synapsen die materielle Basis für „Lernen“, „Denken“ und „Gedächtnis“. Das rasch abklingende Kurz- und Mittelzeitgedächtnis scheint auf elektrochemischen Kurzzeitveränderungen an Synapsen zu beruhen. Kälte- oder Elektroschocks können auf solche Weise gespeicherte Informationen löschen. Dies wäre bei stofflicher Speicherung kaum vorstellbar. Das Langzeitgedächtnis scheint auf einem langfristig veränderten Neuronennetz zu basieren. Langfristige und relativ dauerhafte Veränderungen im Geflecht der Synapsen betreffen Anzahl (Bildung, Eliminierung), Größe (Vergrößerung, Verkleinerung) oder Bahnungszustand.

**Bahnung einer Synapse** bedeutet, dass die Leistungsfähigkeit einer Synapse mit zunehmender Nutzung wächst.

**Bahnung im neuronalen Netz** bedeutet das „Einfahren“ dieses bestimmten Signalwegs.

Ein wichtiges oder oft wiederholtes Signal passiert immer wieder eine bestimmte Synapse. Aus einem Informations-„Wegchen“ wird durch Mehrbenutzung eine Informations-„Autobahn“. Man nennt so eine gebahnte Synapse gefestigt oder **funktionell stabilisiert**.
Die so genannte **„Feuerregel“** lautet: „Jedes Feuern festigt eine aktive Synapse!“ Es gibt mehrere aktuelle **Hypothesen** zur Frage wie eine solche synaptischen Bahnung **erfolgen könnte**:

- **Empfindlichkeit des Axonursprungs steigt:** Die Reizschwelle für die Auslösung eines Aktionspotenzials wird gesenkt.
- **Effizientere Postsynapse:** Es entstehen mehr oder empfindlichere Rezeptoren.

- **Effizientere Präsynapse:** Mehr Vesikel oder eine größere Menge an Transmittermolekülen bewirken eine raschere Freisetzung des Transmitters in den synaptischen Spalt. Eine Voraktivierung der Präsynapse durch mehr $Ca^{2+}$-Ionen berwirkt eine veränderte Membran der Nervenzellen und diese erleichtert den Calciumionen-Einstrom. Gleichzeitig ist die veränderte Nervenzellen-Membran durchlässiger für die Transmittermoleküle.

**Ganglioside**: Kompliziert gebaute Glykolipide → vgl. S. 42

Eine derzeit intensiv hinterfragte **Hypothese** geht von biochemischen Veränderungen der Neuronenmembran aus. Besonders variable Bausteine der Neuronenmembran sind eine Gruppe von Lipiden, die Zuckergruppen tragen. Diese auch **Ganglioside** genannten Glykolipide könnten sich als das umgangssprachliche „Hirnschmalz" herausstellen. Die Vielfalt der Ganglioside und die einzigartigen Eigenschaften dieser Moleküle könnten erklären, wie es zur Effizienzsteigerung einer gebahnten Synapse kommt (Tab. 12). Ausgelöst durch die mehrfache Nutzung eines Signalweges kommt es zum Umbau von Neuronenmembranen. Mehr und andere z. B. unpolarere Ganglioside werden hergestellt und in die präsynaptische Membran eingebaut, wo sie die Transmitterfreisetzung effizienter machen.

<table>
<tr><td>NZ-Modell</td><td colspan="4">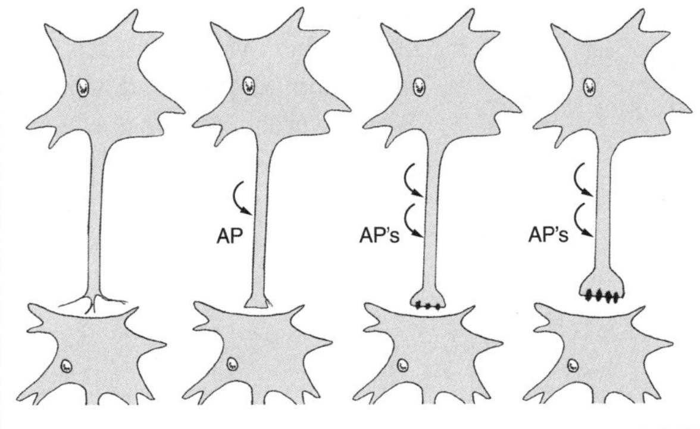
</td></tr>
<tr><td>Synapse</td><td>Vorstadium</td><td>labile Synapse</td><td>Bahnung</td><td>stabile Synapse</td></tr>
<tr><td>Stimulation</td><td>noch nicht</td><td>erstmals</td><td>vielfach</td><td>vielfach</td></tr>
<tr><td>Glykolipide (G.)</td><td>G.-Grundausstattung</td><td>G. wirken bei der Freisetzung von Transmittern mit</td><td>Rückkopplung: G.-Stoffwechsel wird verändert</td><td>Mehr und/ oder Andere G. in der Präsynapse</td></tr>
</table>

Tab. 12: Schematischer Ablauf der Bahnung.

Verschiedene Versuchsergebnisse erhärteten diese Hypothese: Vergleicht man die Ganglioside verschiedener Wirbeltierklassen, so findet man eine verblüffende Entwicklungen im Verlauf der Stammesentwicklung. Kein anderes Wirbeltier hat eine vergleichbar hohe Konzentration an diesen Gangliosidmolekülen wie der Mensch.

## 7.3 Lernen und Gedächtnis

Lernen und Gedächtnis bietet den dazu befähigten Tieren die Möglichkeit, selten auftauchende Probleme und unbekannte Situationen zu bewältigen. Diese flexiblere Reaktionsfähigkeit stellte einen ungeheuren Evolutionsvorteil dar. Der Mensch verdankt seine herausragende Position unter den Lebewesen in erster Linie dem Lern- und Denkvermögen.
Noch sind die meisten Aussagen zu den materiellen Spuren, die ein Gedanke im Kopf hinterlässt, Hypothesen. Aber immer mehr strukturelle oder biochemische Veränderungen an Synapsen werden entdeckt und mit dem Ablauf von Lernprozessen oder der Abspeicherung von Gedächtnisinhalten in Zusammenhang gebracht. Die Auswirkungen der Erkenntnisse auf diesen Gebieten sind **unabschätzbar**: Bereits heute wird durch die Zusammenarbeit von Technikern und Medizinern tauben Menschen das Gehör geschenkt. Ihre Hörnerven werden mit Computerchips und Mikrofonen verbunden.
Wann werden wir unsere technischen Datenspeicher direkt an unser Nervennetz anschließen?
Das Wissen um die Vererbung führte zur Gentechnologie. Zukünftiges Wissen um Synapsen, Lernen und Gedächtnis macht die Vision einer „Neurotechnologie“ denkbar.

## Zusammenfassung

- **Neuronen** sind Bausteine von Nervensystemen. Ihre Hauptaufgaben sind **Informationsweiterleitung und -verarbeitung**. Diese Funktionen benötigen bestimmte **Ionenverhältnisse** an der Neuronenmembran: Die $K^+$-Ionen-Durchlässigkeit der Zellmembran verursacht das Ruhepotenzial (–70 mV), das von aktiven Enzymen aufrecht erhalten wird. Überschwellige Reize führen an Soma oder Dendriten zu heftigen Depolarisierungen (Postsynaptisches Potenzial). Dieses Signal wird am Axon umcodiert und als Frequenz identischer Aktionspotenziale weitergeleitet.
- **Synapsen sind Schaltstellen** zwischen Neuronen bzw. Neuron und Muskel. Hier erfolgt die Gleichrichtung, Filterung und Verrechnung von Signalen. Aktionspotenzialfrequenzen werden in der Präsynapse in eine exakt dosierte Menge freigesetzten Transmitters übersetzt. **Transmitter** lösen postsynaptische Potenziale aus und werden recycelt.
- Viele Gifte und Drogen stören Synpasenfunktionen und damit die Persönlichkeit bzw. die Lern- und Gedächtnisleistung.
- Elektrochemische Kurzzeitereignisse an Synapsen könnten das Kurz- und Mittelzeitgedächtnis, dauerhafte Strukturveränderungen das Langzeitgedächtnis erklären. Die Bahnung von Signalwegen durch synaptische Plastizität scheint der Schlüssel zur Funktion des Gedächtnisses.

# Nervensysteme

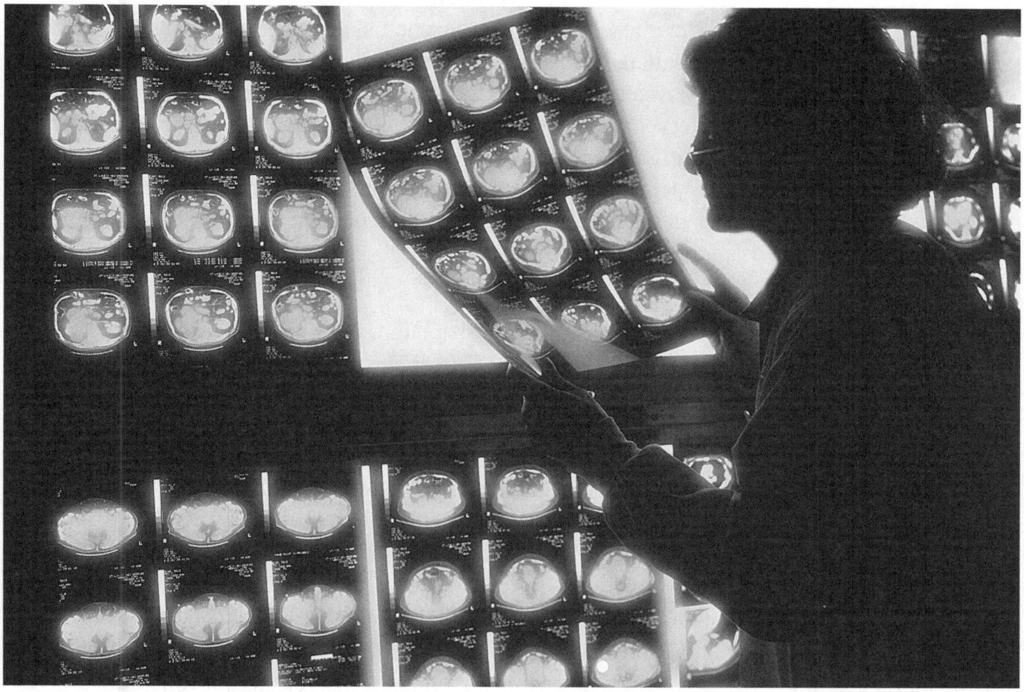

Mit dem Wissen um die Funktion des Nervensystems wächst die ethische Verantwortung, dieses Wissen einzusetzen:
Sollen oder dürfen Mediziner Lähmungen, Hirntumore oder Schwachsinn heilen? Rechtfertigt eine solche Heilung die Injektion von Drogen oder den chirurgischen Eingriffen ins Gehirn? Darf ein Chirurg Teile des Limbischen Systems und damit Gefühle entfernen, auch wenn es sich dabei um die krankhafte Furcht vor Spinnen handelt? Oder Prüfungsangst? Sind medizinische Korrekturen im Gehirn überhaupt zu verantworten? – Eingriffe in das Gehirn bedeuten Eingriffe in die Persönlichkeit eines Menschen.

# 1 Evolutionsprinzipien

Vergleicht man die neuronalen Systeme im gesamten Tierreich, so wird der Zusammenhang zwischen stammesgeschichtlichem Alter der betreffenden Tiergruppe und dem Entwicklungsstand des vorhandenen Nervensystems deutlich. Die Zunahme von Ausmaß und Komplexität der Nervensysteme zielt aus evolutionsbiologischer Sicht auf Leistungssteigerung: Informationstransport und -verarbeitung wurden im Laufe der Evolution effizienter. Den Höhepunkt dieser Entwicklung bildet das Gehirn. Diese „Weiter"- oder „Höher"-Entwicklung untermauert die Evolutionstheorie.

Erkennbare Evolutionsprinzipien in der Entwicklung von Nervensystemen sind zunehmende Größe, Zentralisation und Differenzierung.

## 1.1 Nervennetze oder diffuse Nervensysteme

**Hohltiere** werden wegen ihrer Körperarchitektur so genannt: eine dreischichtige Körperwand umschließt einen zentralen Hohlraum. Dieser dient der Verdauung und Vereilung der Nährstoffe.

**Diffus:** lat. *diffundere* zerstreuen

Netze aus locker verbundenen Neuronen (Abb. 47 A) sind die Nervensysteme von Hohltieren, also von Süßwasserpolypen, Korallen und Quallen. Mit diesem in ihrer äußeren Körperwand liegenden Zellnetz steuern Hohltiere z. B. ihre Tentakel- oder Schirmbewegungen. Uneffizienz und Langsamkeit charakterisieren solche diffusen Nervennetze. Auch die Wand des menschlichen Darmtraktes ist von einem vergleichbaren Nervennetz ausgekleidet.

Anders als Hohltiere besitzen Würmer bereits ein Vorder- und Hinterende. Daraus ergibt sich eine bevorzugte Richtung der Fortbewegung und deshalb war eine Verdichtung von Sinneszellen und Nervenzellen am Kopfende vorteilhaft. Einfach gebaute Plattwürmer besaßen als erste Lebewesen ein kleines Gehirn, das die Signale der Kopforgane verarbeitete (Abb. 47 B). Von diesem ersten **Zentrum des Nervensystems** ausgehend ziehen zwei Markstränge nach hinten in den Körper. Diese Trennung von zentralem Nervensystem und Nervenzellen außerhalb dieses Zentrums setzte sich entwicklungsgeschichtlich fort.

## 1.2 Das Strickleiternervensystem

**Ganglion** = Nervenknoten: Ansammlung von Nervenzellen.

**Cephalisation:** Konzentrierung von Neuronen zu Gehirnen.

**Riesenaxone:** → siehe S. 56

Ein nächster Entwicklungsschritt war die Konzentration vieler Nervenzellkörper in so genannten **Ganglien**.
Weichtiere wie Schnecken und Tintenfische besitzen wenige, große, auseinander liegende Ganglien. Im Kopfbereich der Tintenfische entstand durch Cephalisation ein neuronales Zentralorgan. Dieses Zentralorgan oder Gehirn ist über Riesenaxone mit Ganglien im Körper und vor allem mit Muskeln verbunden.

**Kommissur:** Querstrang im Strickleiternervensystem.

**Konnektiv:** Längsstrang im Strickleiternervensystem.

**Urmundtiere** (= Protostomier): Während der Keimesentwicklung entwickelt sich der Mund aus dem Urmund und der After wird neu gebildet.

**Neumundtiere** (= Deuterostomier): Während der Keimesentwicklung entwickelt sich der After aus dem Urmund und der Mund wird neu gebildet.

Die Körper der Ringelwürmer (z. B. Regenwurm) und Gliedertiere (z. B. Krebse, Spinnen, Insekten) sind in Segmente gegliedert. In jedem Körpersegment befindet sich ein Paar Ganglien, die durch eine Kommissur quer verbunden sind. Konnektive verbinden die Ganglien längs zum **Strickleiter-Nervensystem**.
Die „Strickleiter" aus Ganglien und Faserverbindungen liegt stets auf der Bauchseite der Tiere und wird deshalb auch als Bauchmark bezeichnet. Nach der Lage der Hauptnervenstränge unterscheidet man Bauchmarktiere von den Rückenmarktieren. Diese Tiergruppen überschneiden sich größtenteils mit den Gruppen der Urmund- bzw. Neumundtiere.
Die großen Nervenknoten im Kopf der Tiere nennt man nach ihrer Lage Ober- und Unterschlundganglion (Abb. 47 C). Besonders große, teilweise verschmolzene Ganglien findet man bei Fluginsekten auch im Brustbereich, wo sie der koordinierten Innervierung der Flugmuskulatur dienen.

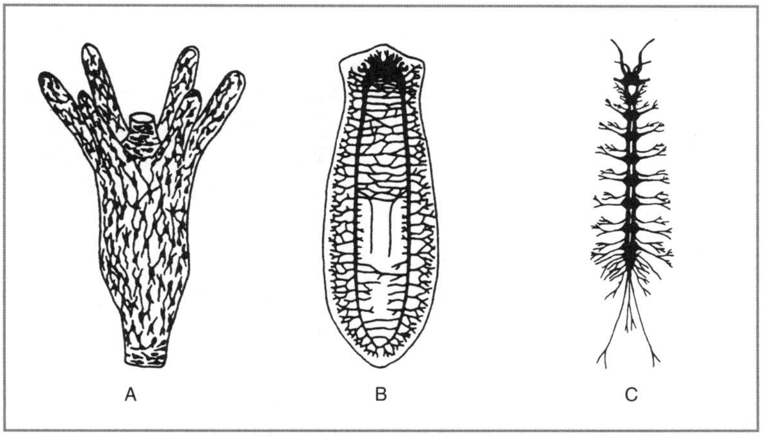


Abb. 47: Überblick über verschiedene Nervensysteme: (A) Nervennetze, (B) Zentrum im Nervensystem, (C) Strickleiter-Nervensystem.

## 1.3 Das Zentralnervensystem der Wirbeltiere

Die Embryonen aller Wirbeltiere (Fische, Lurche, Kriechtiere, Vögel, Säuger) besitzen in frühen Entwicklungsstadien auf ihrer Rückenseite das so genannte Neuralrohr. Dieses flüssigkeitsgefüllte Rohr erweitert sich im Zuge der Emryonalentwicklung zum späteren **Zentralnervensystem** (Abb. 48).

Die **Liquor** ist eine klare, farblose Flüssigkeit in den freien Räumen im Inneren des Gehirns und des Rückenmarks. Diese Flüssigkeit dient als Stütze und Schutzhülle.

Die **Hypohyse** ist die Hirnanhangsdrüse.
→ siehe dazu S. 117 f.

Alle vom Rückenmark ausgehenden Nerven werden als **Spinalnerven** bezeichnet.

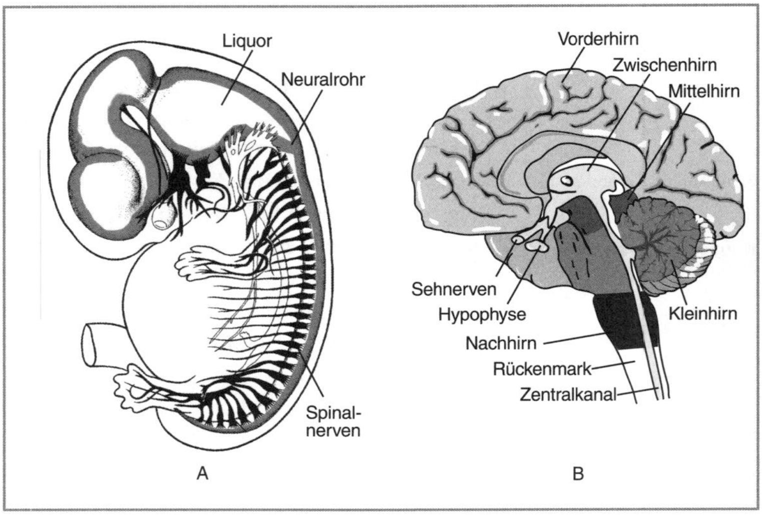


Abb. 48: Entwicklung des Zentralnervensystems beim Menschen: (A) bei einem 2 Monate alten Säugling, (B) bei einem erwachsenen Menschen.

Das **Zentralnervensystem** (ZNS) besteht aus dem Rückenmark und dem Gehirn.
Das **periphere** Nervensystem (PNS) besteht aus afferenten und efferenten Neuronen. Von Sinneszellen ziehen afferente (= sensible oder sensorische) Fasern zum Gehirn. Vom Gehirn ziehen die efferenten (= motorischen) Fasern zum Erfolgsorgan.

Die Zellkörper der afferenten Neurone liegen in Spinalganglien. Die Zellkörper der Efferenzen liegen im Zentralnervensystem oder in Ganglien in der Nähe der Organe.
Beim Menschen enthält das periphere Nervensystem (PNS) nur 1 % aller Neurone. Kein anderes Lebewesen besitzt eine vergleichbare Zentralisierung des Nervensystems.

Wirbelsäule, Schädelknochen und **3 Schichten von Hirnhäuten**, nämlich die harte, äußere und die spinnwebig, fasrige sowie die weiche, innere Hirnhaut (Abb. 49) schützen die empfindlichen Strukturen des ZNS während Wachstum und Ausdifferenzierung. Die Rückenmarksflüssigkeit **(Liquor)** umspült das gesamte ZNS und dient wie ein Stoß- und Schlagdämpfer als weiches Lager, als Isolationsschicht sowie der Versorgung von Hilfszellen und Neuronen mit Sauerstoff, Ionen und Wasser. Die Blutgefäße im Gehirn besitzen besonders dichte Zellauskleidungen und garantieren so eine dichte Blut-Hirn-Schranke bzw. Blut-Liquor-Schranke. Nur wenige Stoffe sollen, streng kontrolliert, diese Barriere ins Gehirn passieren. Kleine fettlösliche Moleküle z. B. Alkohol und andere Drogen umgehen diese Kontrolle.

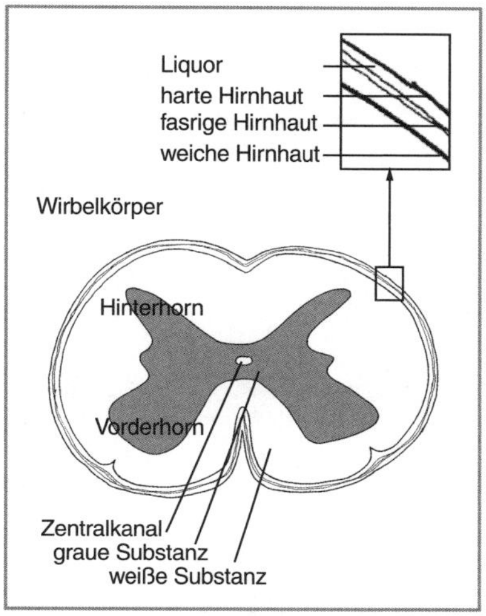


Abb. 49: Querschnitt durch Wirbelsäule und Rückenmark.

Die Gliazellen des ZNS bilden einen Zellverband mit einer Trennungsfunktion zwischen „innen" und „außen". Die großflächigen Barrieren trennen Räume mit unterschiedlicher Zusammensetzung ab, so etwa den Extrazellulärraum vom Liquor des Gehirns **(Blut-Liquor-Schranke)** oder den Extrazellulärraum vom ZNS **(Blut-Hirn-Schranke)**.

Betrachtet man die Gehirnentwicklung der Wirbeltiere, so ist neben den allgemeinen Evolutionsprinzipien „zunehmende Größe, Zentralisation und Differenzierung" eine allmählicher Bedeutungswandel zu erkennen: Das Vorderhirn der Fische ist ein Organ, das praktisch ausschließlich der Wahrnehmung von Geruchs- bzw. Geschmacksstoffen dient. Aus ihm entwickelte sich das übergeordnetes Steuer- und Denkorgan – das Großhirn der Säugetiere (Abb. 50).

Das Gehirn von Wirbeltieren besteht aus Vorder-, Zwischen-, Mittel-, Klein- und Nachhirn.

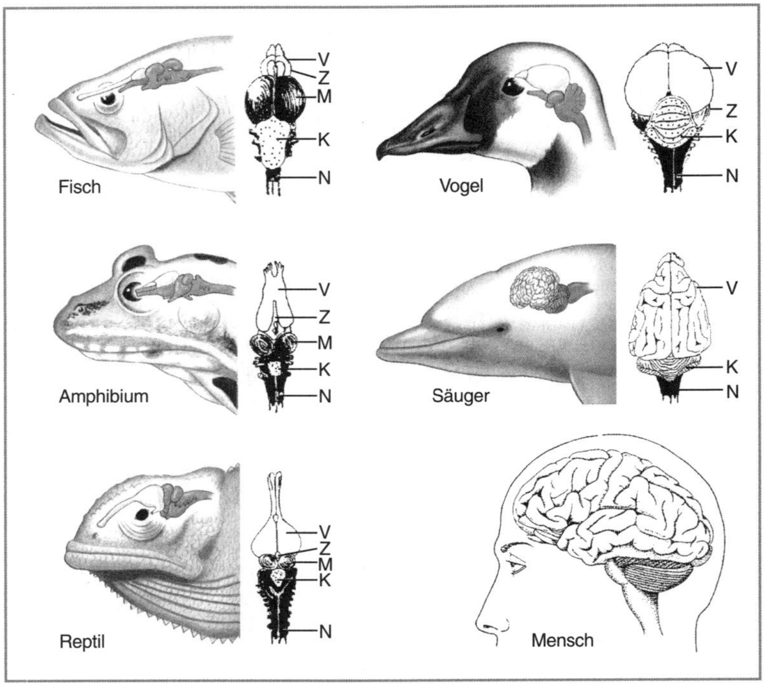


Abb. 50: Vergleich der Gehirne der fünf Wirbeltierklassen: (V) Vorderhirn, (Z) Zwischenhirn, (M) Mittelhirn, (K) Kleinhirn, (N) Nachhirn.

Vergleicht man die Kleinhirne der verschiedenen Wirbeltierklassen, so fällt die starke Ausprägung bei Fischen und Vögeln auf (Abb. 50). Das Kleinhirn dient der Koordination von Bewegungen und verarbeitet Gleichgewichtsinformationen. Schnelligkeit und Bewegung in drei Raumdimensionen selektionierte ein gut ausgebildetes Kleinhirn. Bei den trägeren Lurchen und Kriechtieren fällt das Kleinhirn unauffälliger aus.

**Selektion:** Auslese im Sinne einer natürlichen Zuchtwahl.

Die Fältelung von Hirnrinden vergrößert deren Oberflächen und schafft Platz für mehr Neuronen. So ist z. B. die Kleinhirnrinde von Vögeln und Säugern stark gefaltet. Besonders auffällig ist eine solche Oberflächenvergrößerung bei der Rinde des menschlichen Vorder- oder Großhirns.

# 2 Das Rückenmark – ein Teil des Zentralnervensystems

## 2.1 Der Aufbau des Rückenmarkes

In der knöchernen Wirbelsäule, geborgen im Wirbelkanal, liegt das Rückenmark. Mit einer Länge von ca. 40 cm und einem Durchmesser von ca. 2 cm bildet es die wichtigste Verbindung zwischen Körper und Gehirn. Über die gesamte Länge ist das Rückenmark von einem zentralen Kanal durchzogen. Dieser zentrale Kanal ist ein Überrest des Neuralrohrhohlraumes. Um ihn scharen sich Millionen von Nervenzellkörpern. Sie bilden die graue Substanz, deren Umrisse im Rückenmarksquerschnitt an einen Schmetterling erinnern (Abb. 49). Die weiße Substanz besteht überwiegend aus markhaltigen Axonen mit ihren typischen hellen Myelinhüllen.

**Myelinshülle**
→ vgl. S. 40 f.

**Spinalnerven** treten zwischen den Wirbeln aus dem Rückenmark aus, beim Menschen sind es 31 Paare. Die vordere und hintere Wurzel eines Spinalnervs bilden kurz einen gemeinsamen gemischten oder antiparallelen Nerv, der sich wieder in Teilnerven, genauer in afferente und efferente Fasern aufzweigt (Abb. 51).

Die afferenten Fasern ziehen vom Körper ins Zentralnervensystem. Sie kommen z. B. von Sinneszellen in der Fußhaut oder in Muskelspindeln und durchziehen von der Rückenseite kommend die hinteren Wurzeln der Spinalnerven. Die Nervenzellfortsätze leiten die Signale der Sinneszellen ins Hinterhorn der grauen Substanz des Rückenmarks und damit ins Zentralnervensystem. Die Zellkörper dieser pseudounipolaren Neurone liegen in den Spinalganglien, die sich beidseitig der Wirbelsäule anschmiegen.

**Pseudounipolare Neurone** → vgl. S. 38 (Abb. 23)

Efferente Axone von Motoneuronen verlassen das Rückenmark über das Vorderhorn und die vorderen Wurzeln der Spinalnerven nach der Bauchseite hin und transportieren Signale vom ZNS in den Körper. Beispielsweise gelangt so ein Signal zur Muskelkontraktion vom Gehirn zum Beugemuskel im Oberschenkel.

**Motoneuron**
→ vgl. S. 38 f. (Abb. 24)

> **Pseudounipolare Nervenzellen** mit Zellkörper im Spinalganglion senden Signale der Sinneszellen ins ZNS.
> **Motoneurone** mit Zellkörper im Vorderhorn senden Signale vom ZNS zu Muskeln und Drüsen.

**Atlas** und **Dreher** sind die beiden obersten Halswirbel. Der Atlas ermöglicht das Nicken und der Dreher die Drehbewegungen des Kopfes.

Wird das Rückenmark vollständig durchtrennt (Unfall; Scharfrichter) oder abgequetscht (der Knoten einer Henker-Schlinge quetscht Atlas und Dreherwirbel ineinander) wird die Gehirn-Körper-Verbindung unterbrochen, die Gehirnversorgung stoppt und der Mensch stirbt. Teilweise Unterbrechungen oder Schädigungen des Rückenmarks in verschiedenen Höhen führen zu Lähmungen, z. B. Querschnittslähmung. Wird ein Spinalnerv dagegen zwischen zwei Wirbelkörper nur eingequetscht, spürt man dies als Hexenschuss. Wenn Viren Motoneurone im Rückenmark zerstören, kommt es zur spinalen Kinderlähmung (Polymyelitis).

Aufbau des **Gehirns** → vgl. S. 99

Häufig wechseln die Bahnen der Nervenfasern die Körperseiten. Dies erklärt warum eine Schädigung der rechten Hirnhälfte zu Ausfällen der linken Körperhälfte führen kann.

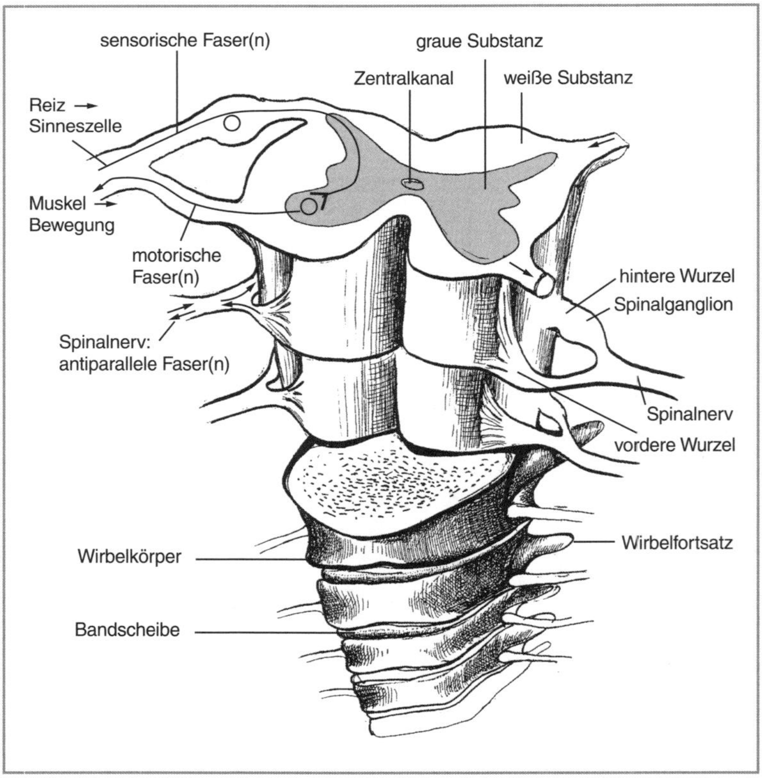


Abb. 51: Das Rückenmark: Aufbau und Reiz-Bewegungs-Verknüpfung.

## 2.2 Automatismen und Reflexe

Ein Kleinkind, dessen Gehirn noch reifen muss und dessen Willkürmotorik noch schwach ausgeprägt ist, zeigt überwiegend angeborene Verhaltensweisen.

**Autonom** bedeutet hier eine selbstständige Steuerung durch das Rückenmark ohne Meldung an das Gehirn.

**Automatismen** wie die Atmungs- und Darmbewegung sowie Teile der menschlichen Gesichtsmimik sind angeboren. Autonom steuern jeweils ein Abschnitt oder wenige Ganglien des Rückenmarks die gesamte Bewegung. Einige Bewegungsabläufe wie das Schwimmen bei Fischen sind so im Rückenmark verankert: Ein geköpfter Hai wird wohlkoordiniert weiterschwimmen. Ein geköpftes Huhn wird wie gewöhnlich flattern und ein geköpftes Säugetier bleibt stehen oder macht noch ein paar Schritte. Wer kennt sie nicht – die gruselige Geschichte von Störtebekers Hinrichtung?

**Unbedingte Reflexe** oder, vereinfacht, Reflexe sind wichtige angeborene Verhaltensweisen, die anatomisch im Rückenmark festgelegt sind. Zumeist schützen reflexartige Bewegungen den Körper. Stolpern wir, so muss ein Sturz möglichst rasch, ohne darüber nachzudenken verhindert werden. Fliegt ein Insekt auf unser Auge zu, so muss möglichst rasch das Lid geschlossen werden. Reflexe sind stammesgeschichtlich junge Verhaltensweisen, die sich deutlich von willkürlich steuerbare Bewegungen, so genannten Reaktionen, unterscheiden.

**Reflexe** sind gleichförmige Schutzbewegungen, die ohne Kontrolle des Gehirns und damit besonders schnell ablaufen.

### Monosynaptische Reflexe

**Patella:** lat. *patella* flache Scheibe; medizinisch die Kniescheibe.
**Patellarsehne:** Sehne an der Kniescheibe.

Der **Patellarsehnenreflex** lässt sich besonders leicht auslösen und nachvollziehen: Man schlägt einer Versuchsperson auf die Kniescheibensehne und ihr Unterschenkel schnellt vor. Der Schlag dehnt die Kniescheibensehne. Diese Dehnung überträgt sich auf den Streckmuskel des Oberschenkels und die darin befindlichen Muskelspindeln. Sinneszellen in den Muskelspindeln geben das Dehnungssignal weiter an ein afferentes, pseudounipolares Neuron, dessen Zellkörper in einem Spinalganglion sitzt. Über die hintere Spinalnervenwurzel zieht das Axon ins Rückenmark. Es durchzieht das Hinterhorn der grauen Substanz und gibt das Signal über **eine** Synapse im Vorderhorn direkt weiter an ein Motoneuron. Das markhaltige Axon des efferenten Motoneurons verlässt mit der vorderen Spinalwurzel das Rückenmark und schickt das Signal schnellstmöglich weiter an den Oberschenkel-Streckmuskel. Dieser kontrahiert und kompensiert so die gewaltsame Dehnung des Muskels. Stolpert man, so schützt dieser Reflex vorm Fallen. Sinnesorgan, Rückenmark und Erfolgsorgan sind über Neurone zu einem Reflexbogen zusammengeschlossen. Reflexe mit nur einer Synapse nennt man **monosynaptische Reflexe**, diese sind die einfache Form einer Reiz-Bewegungs-Verknüpfung.

Reflexe, bei denen Sinnesorgan und Erfolgsorgan in einem Organ liegen nennt man **Eigenreflexe**.

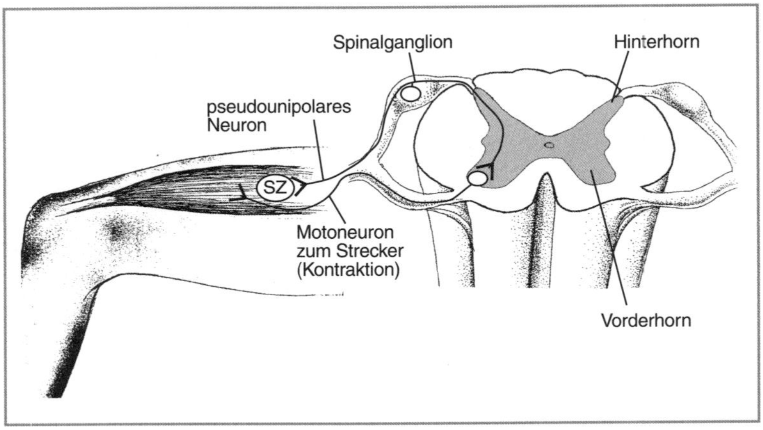


Abb. 52: Patellarsehnenreflex – Ein monosynaptischer Reflex.

An der Synapse im Vorderhorn wird das Dehnungs-Signal neben dem Motoneuron auch an andere Neurone übermittelt. So schickt ein Neuron das Signal der Dehnung ins Gehirn und man bemerkt das Stolpern. Dieses „Bemerken" ereignet sich oft erst Millisekunden, nachdem wir uns gegen das Fallen geschützt haben, und wir denken: „Nochmal gut gegegangen".

Ein anderes so genanntes Zwischen- oder Interneuron empfängt ebenfalls das Signal der Dehnung. Dieses Interneuron wechselt die Rückenmarksebene, d. h. zieht senkrecht nach unten und schaltet dann über eine hemmende Synapse auf ein Motoneuron um, das den Beugemuskel im Oberschenkel, also den Gegenspieler des Streckers, innerviert und hemmt. Man nennt diesen Vorgang antagonistische Hemmung.

**Hemmende Synapsen** schütten hemmende Transmitter aus.

**Antagonisten** sind Gegenspieler z. B. Beugemuskel (Beuger) und Streckmuskel (Strecker).

### Polysynaptische Reflexe

Pustet man einer Versuchsperson ins Auge, so schließt sich das Lid reflexartig: Der **Lidschlussreflex** läuft ab. Dieser Reflex ist ein **polysynaptischer Reflex** – der Reflexbogen ist durch zwei oder mehr Synapsen unterbrochen. Die Ebene, in der afferente Neuronen ins Rückenmark eintreten, und die Ebene, in der efferente Motoneuronen austreten, müssen hier durch Zwischen- oder Interneurone verbunden werden. Das Interneuron transportiert das Signal in andere Rückenmarksebenen, also in entfernte Rückenmarkssegmente. Der Lidschlussreflex ist ein **Fremdreflex**, es sind Auge und Lidmuskulatur beteiligt.

Bei **Fremdreflexen** sind Sinnes- und Erfolgsorgan deutlich unterscheidbar.

Fremdreflexe besitzen eine gewisse Variablität: Treten wir auf einen spitzen Stein oder verbrennen wir uns die Hand, so ziehen wir das betroffene Körperteil zurück oder Springen beiseite. Das Rückenmark entscheidet gewissermaßen zwischen „Zurück-Ziehen" und „Zurück-Springen". Gleichzeitig können mehrere Erfolgsorgane informiert werden (Abb. 53).

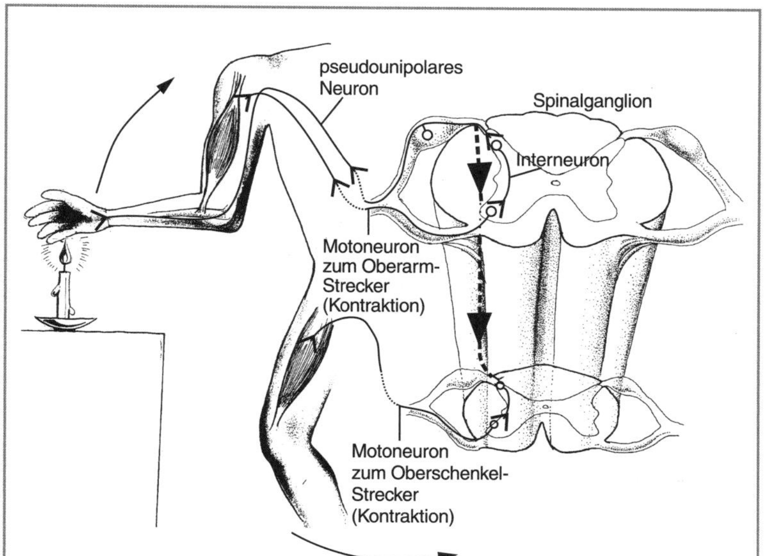


Abb. 53: Schaltschema bei einem Fremdreflex (Verbrennung am Finger).

**Pupillenreflex:**
→ vgl. dazu S. 121

Weitere Beispiele für Fremdreflexe sind der Pupillenreflex, der die Lichtmenge im Auge reguliert und dieses dadurch vor Starklicht schützt. Auch der Husten- und Niesreflex, der Staub abhält, und Saug- und Schluckreflexe, menschliche Babies vorm Verhungern bewahren, sind Fremdreflexe.
Bei Affen garantiert der Klammer-Reflex einem Äffchen den Halt an der Mutter oder das reflexartige Ausbreiten der Arme hilft einem fallenden Äffchen, in den Baumkronen Halt zu finden. Der Befund, dass auch menschliche Babies die letztgenannten, für sie sinnlosen Schutzmechanismen besitzen, untermauert die Evolutionstheorie, nach der Affen und Menschen gemeinsame Ahnen haben.

# 3 Das menschliche Gehirn

**Vesikel** sind geschlossene Bläschen.

Bei Wirbeltieren und beim Mensch schließt sich oben ans Rückenmark das fünfteilige Gehirn an. Der Zentralkanal des Rückenmarks weitet sich im Gehirn zu Vesikeln, paarigen, flüssigkeitsgefüllten Hohlräumen, um die sich Neuronen drängen. Wie die Spinalnerven vom Rückenmark, so gehen auch vom Gehirn paarige Nerven ab: Menschen besitzen 12 Paar von vorn nach hinten durchnummerierter **Hirnnerven**. Zumeist enthalten sie afferente und efferente Fasern, wie der Hirnnerv-Nr. 10, der auch Nervus vagus genannt wird. Selten sind sie rein motorisch, z. B. Hirnnerv-Nr. 3 zur Augenbewegung oder rein sensorisch, wie beispielsweise der Riechnerv (Hirnnerv-Nr. 1) von der Nase oder der Sehnerv (Hirnnerv-Nr. 2) von den Augen.

## 3.1 Die fünf Teile des Gehirnes

Wie bei allen Wirbeltieren ist auch das menschliche Gehirn in fünf Teile gegliedert (Abb. 54 und Tab. 13):

Im **Nachhirn** wechseln graue und weiße Substanz die Positionen: Die Zellkörper der Neurone liegen im Gehirn außen, ihre weiß erscheinenden Axone innen. Im Nachhirn liegen die Steuerzentren für unbewusste Bewegungen, z. B. die Atembewegungen.

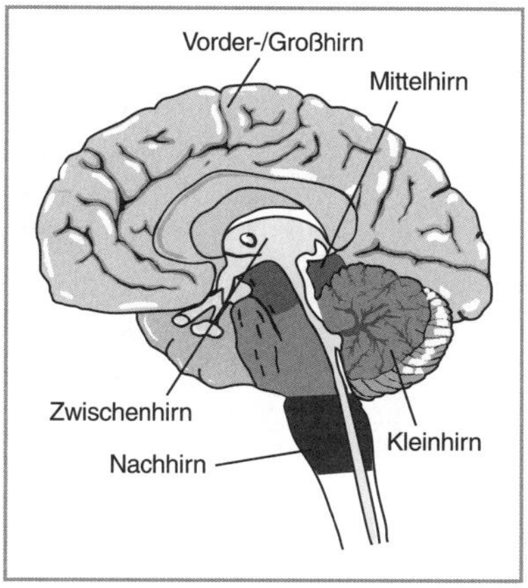


Abb. 54: Das fünfteilige menschliche Gehirn.

Nachhirn, Mittelhirn und oft auch die Basis des Zwischenhirns werden als **Hirnstamm** bezeichnet. Diesem stammesgeschichtlich alten Hirnstamm sind Klein- und Vorderhirn sozusagen aufgepfropft.

Das **Kleinhirn** sitzt auf dem Nachhirn und dient vor allem der Koordination von Bewegung. Deshalb ist es bei Lurchen und Kriechtieren relativ klein, bei schnellen und beweglichen Tieren wie Fischen, Vögeln und Säugern dagegen gut entwickelt. Oft ist die Kleinhirnrinde, die aus grauer Substanz besteht, zur Oberflächenvergrößerung stark gefurcht. Das Kleinhirn wiederum ist dreigeteilt: Zwei seitliche Halbkugeln, die Kleinhirn-Hemisphären und ein zentraler Strang, die Brücke, als Verbindung zum Großhirn. Jedes Signal, das irgendeine Bewegung auslöst, wird vom Kleinhirn erfasst und verrechnet.

Das **Mittelhirn** schließt sich an. Auch dieser Gehirnteil beherbergt Reflexzentren und wird von Nervenfasern durchzogen.

**Hormone** → vgl. S. 107 ff.

**Hypothalamus** → siehe S. 117

**Hypophyse** → vgl. S. 117 f.

**Vegetatives Nervensystem** → vgl. S. 101 ff.

Das **Zwischenhirn** koordiniert Hormon- und Nervensystem, die beiden Steuersysteme unseres Körpers. Zwei Organe, die im Zusammenhang mit Hormonen stehen, sind besonders wichtig: Hypothalamus und Hypophyse (Hirnanhangsdrüse). Der Hypothalamus (HPT) ist die Steuer-Zentrale für das Hormon-System sowie für das gesamte vegetative Nervensystem. Die nur erbsengroße Hypophyse ist die wichtigste Hormondrüse des Menschen.
Beim Menschen liefert der Sehnerv (Hirnnerv Nr. 2) seine Signale ins Zwischenhirn. Das Zwischenhirn filtert alle Wahrnehmungen. Es erzeugt Gefühle sowie die selbst- und arterhaltenden Triebe: z. B. Durst, Hunger, Sexualtrieb. Mit dem Limbischen System schließt sich direkt das Großhirn an. Hier befinden sich alte Instinktzentren, die Gefühle und das Verhalten gegenüber Kindern, möglichen Geschlechtspartnern oder drohenden Gegnern (Brutpflege-, Balz- bzw. Drohverhalten) steuern.

Das **Vorder- oder Großhirn** ist bei Säugetieren und vor allem beim Menschen mit ca. 80 bis 90 Volumenprozent der dominierende Hirnteil. Seine beiden Hälften, die Großhirn-Hemisphären, blähen sich über die flüssigkeitsgefüllten Hohlräume und verdecken die meisten anderen Hirnteile (Abb. 54). Ein Nervenbündel, der Balken, in dem zahlreiche Kommissuren verlaufen, verbindet die beiden Großhirn-Hemisphären. Das rein weiße Mark ist gebildet aus markhaltigen Axonen von ca. 20 Milliarden Neuronen, die sich in der Rinde drängen. Wie graue Inseln liegen einzelne Ganglien, die Basalganglien, im weißen Mark. Sie dienen als Umschaltstationen, um entfernte Rindenbereiche zu verknüpfen.

**Cortex:** lat. Rinde

Die von Zellkörpern grau gefärbte Großhirnrinde wird auch oft als Großhirn-Cortex bezeichnet. Diese Rinde ist beim Menschen nur ca. 2–5 mm dünn, in Schichten aufgebaut und zur Oberflächenvergrößerung extrem stark gefältelt und gefurcht. Diese Furchen teilen jede der beiden Hemisphäre anatomisch in vier Bereiche: Stirn-, Scheitel-, Hinterhaupts- und Schläfen-Lappen.

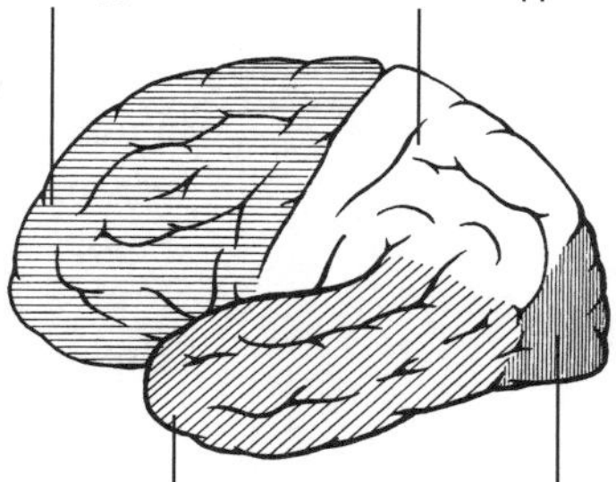


Abb. 55: Beide Großhirnhemisphären sind in 4 Lappen gegliedert.

| **Gehirnteil** | **Funktionen** |
|---|---|
| **Nachhirn** = Hinterhirn = verlängertes Mark = medulla oblongata = Myelencephalon | Sitz von Automatismen wie<br>• Herzbewegung<br>• Durchgang von Afferenzen und Efferenzen<br>• Reflexzentren |
| **Kleinhirn** = Cerebellum = Metencephalon | Bewegungskoordination<br>• Gelenk- und Gliederstellung<br>• Gleichgewicht |
| **Mittelhirn** = Mesencephalon | • Koordination von Eindrücken und Bewegung<br>• Altes Seh- und Hörzentrum<br>• Reflexzentren z. B. Stellreflex<br>• Schlaf-Wach-Zentrum<br>• Hirnnerv Nr. 3 und 4 gehen ab (Augenstellung) |
| **Zwischenhirn** = Diencephalon | Hormon-Steuer-Zentrale<br>• Epiphyse = Zirbeldrüse<br>• Thalamus und Hypothalamus (Bildung von Trieben und Gefühlen)<br>• Hypophyse = Hirnanhangsdrüse<br>Hirnnerv Nr. 2 = Sehnerv geht ab |
| **Großhirn** = Vorderhirn = Endhirn = Telencephalon | Gedächtnis<br>Denken, Assoziation<br>Willkürbewegung<br>Sinneseindrücke<br>Hirnnerv Nr. 1 = Riechnerv geht ab |

Tab. 13: Übersicht über die wichtigsten Funktionen der Gehirnteile.

## 3.2 Unser Großhirn wird erforscht

Das komplizierteste uns bekannte Gebilde im Universum ist unser Großhirn. Manche Philosophen bezweifeln deshalb prinzipiell, dass wir mit unserem Großhirn überhaupt in der Lage sein werden, die Funktionen eben dieses Großhirns zu erfassen.

**Hirnforschung** bedeutet derzeit die weltweite Zusammenarbeit von Mathematikern und Medizinern, Informatikern, Chemikern, Biologen und Philosophen. Die Ansätze, unser „Denkorgan" zu enträtseln, sind interdisziplinär und vielfältig:
**Anatomie, Histologie und Zytologie** vergleichen Gehirne, Gewebe oder Zellen mittels Licht- und Elektronenmikroskopie. **Histochemiker** liefern Karten des Gehirns und Karten über den Verlauf von Axonen. Diese Karten können mit dem folgenden Verfahren hergestellt werden: Man injizierte Enzyme, Farbstoffe oder radioaktive Marker in Neurone und verfolgt, wie die Markierungen durchs Neuronen- bzw. Axonplasma diffundieren.

**Marker** sind stoffliche Markierungen (vom engl. *to mark* markieren).

Die **Verhaltensforschung** arbeitet an der Aufklärung und Vorhersage von Verhaltensweisen. Je klarer Verhaltensabläufe bekannt sind, umso einfacher ist es, die zellulären Geschehnisse im Umfeld dieser Abläufe zu untersuchen. **Mathematik** und **Informatik** erschaffen künstliche Speichersysteme, die in zunehmendem Maße eingesetzt werden um biologische Situationen zu simulieren.
**Biochemische Untersuchungen** zielen vor allem auf das Verständnis von Bahnung. An einer Meeresschnecke konnte erstmals genau gezeigt werden, welche zellulären und sogar molekularen Abläufe damit verbunden sind, wenn das Tier lernt.

**Hypothesen zur Bahnung**
→ vgl. S. 76 f.

**Huxley und Hodgkins**
→ vgl. S. 43

**Neuro- oder Elektrophysiologen**, die Nachfolger von Huxley und Hodgkins, messen elektrische Nervensignale und kontrollieren die funktionellen Leistungen in Testgebieten des Gehirns. Elektro-Enzephalogramme (EEG) sind die Aufzeichnungen von Hirnströmen. Ungewöhnliche Spannungsschwankungen oder Gehirnwellen deuten auf bestimmte Krankheiten hin. Der Fachmann erkennt anhand dieser Kurven neuronale Störungen, z. B. das typische Epilepsiemuster. Mit Platinelektroden kann man Hirnbereiche gezielt reizen bzw. stimulieren und die Wirkungen beobachten. Spektakulär sind solche Versuche am offenen Gehirn, die lediglich unter örtlicher Betäubung durchgeführt werden, zumal im Gehirn selber keine Schmerzrezeptoren vorhanden sind. Solche Stimulationen erlauben das gezielte Provozieren teilweise verblüffender Handlungen bei Versuchstieren.

**Mediziner** dokumentieren seit langem Gehirnvolumina und -massen (Tab. 14) und versuchen, Verbindungen zwischen Gehirnvolumen und Leistungsfähigkeit herzustellen. Bisher vergeblich. Man fand keinen Zusammenhang zwischen Gehirnmasse und Hirnleistung. Männerhirne sind nicht leistungsfähiger. Auch der Quotient „Gehirnmasse zu Körpermasse“ stand nicht im Zusammenhang mit Hirnleistung: Frauenhirne sind auch nicht leistungsfähiger.

| | |
|---|---|
| Frau (Durchschnitt) | 1 250 g |
| Mann (Durchschnitt) | 1 390 g |
| Marylin Monroe (Schauspielerin) | 1 440 g |
| Neandertaler (Frühmensch) | 1 450 g |
| Gauss (Mathematiker) | 1 490 g |
| Schiller (Dichter) | 1 580 g |
| Bismarck (Staatsmann) | 1 810 g |
| Cuvier (Biologe) | 1 860 g |
| Cromwell (Staatsmann) | 2 000 g |
| Lord Byron (Dichter) | 2 230 g |

Tab. 14: Beispiele für Gehirnmassen beim Menschen.

Dagegen fanden Mediziner Zusammenhänge zwischen Krankheitsbildern und Ausfällen bestimmter Gehirnteile. Untersuchungen an Unfallopfern oder Kriegsverletzten mit geschädigten Hirnregionen zeigen oft eine Verbindungen zwischen Hirnregion und Verhaltensstörung.
In Tierversuchen werden Nervenzellen stimuliert oder kontrolliert geschädigt. Mediziner messen die Durchblutung des Gehirns und den Zuckergehalt der Blutgefäße in bestimmten Hirnregionen während verschiedener Tätigkeiten. Man versucht die eindeutige Zuordnung von Verhaltensweise und Hirnregion. Es entstanden Karten, nach denen die Großhirnrinde in verschiedene Felder mit bestimmten Aufgaben unterteilt ist. Diese **Funktionskarten** erwiesen sich aber als relativ ungenau und nicht allgemeingültig. Trotz modernster Diagnoseverfahren, wie das CT-Verfahren, sind Ausfälle nur selten einer einzigen Großhirnregion zuzuordnen.

**CT** ist die Abkürzung für **Computer-Tomografie,** ein Verfahren der Röntgenschichtaufnahme. Es gibt z. B. Kernspin- und Positronen-Emmissions-Tomografie.

Mediziner verglichen die beiden **Großhirnhemisphären** von Patienten und fanden häufig deutliche Unterschiede. Eine Behandlungsmethode bei schweren Fällen von Epilepsie brachte hierzu weitere Erkenntnisse. Den Betroffenen wird der Balken durchtrennt und damit wird der Kontakt der Gehirnhälften fast vollständig unterbrochen.

Diese „Split-Brain-Patienten“ zeigten nach dem massiven Eingriff ungewöhnliche Verhaltensweisen. Oft deuten diese Verhaltensweisen auf ein gewisse Aufgabenteilung zwischen den Hemisphären hin: Viele vermuten, dass in der aktiveren, linken Hemisphäre sprachliche, mathematische und analytische Denkleistungen verankert sind. Außerdem steuert sie die rechte Hand. Die rechte Hemisphäre soll dagegen Sitz der Betrachtung, des Ausgleichs, der musischen und synthetischen Denkleistungen sein. Eine solche Hemisphärendominanz ist weder eindeutig noch allgemeingültig.
Häufig stellt man fest, dass die Aufgaben eines geschädigten Großhirnrindengebietes problemlos von einer anderen Rindenregion übernommen werden können. So können z. B. bei Kindern die Verletzungen des Sprachzentrums in der linken Hemisphäre von der rechten Hemisphäre ausgeglichen werden. Derzeit ist bei 90% der Rindenfläche die Funktion völlig unbekannt. Man vermutet für diese Flächen assoziative Funktionen.

**Assoziativ** bedeutet verbindend. Assozation ist die Verknüpfung von Vorstellungen.

Gegen eine strenge Kartierung der Großhirnrinde spricht auch, dass bei den einfachsten Handlungen oder Gedanken unzählige Neuronen in unterschiedlichsten Rindenregionen aktiv sind. Trotzdem unterteilt man die Großhirnrinde sinnvollerweise in 3 Arten von Feldern: senorische, motorische und assoziative Felder.

## 3.3 Sensorische Felder – Entstehung der Wahrnehmung

Das **Seh-Feld** wird häufig auch als optisches Rindenfeld oder primäres Sehzentrum bezeichnet.

Das **Sprachverständnis-Feld** wird oft auch noch sensorische Sprachregion oder Wernicke-Areal genannt.

Sensible Region oder Wahrnehmungs-Feld sind weitere geläufige Namen für die **sensorische Region**.

Hierzu zählen das Riech-Feld, das Hör-Feld, das Seh-Feld, das Sprachverständnis-Feld und die sensorische Region. Letztere empfängt die Signale aus der Haut z. B. Tast-, Temperatur- und Schmerzempfindungen (Abb. 56 A). Alle Sinnesorgane schicken ihre Signale an die sensorischen Felder, wo die eigentliche Wahrnehmung, der **Sinneseindruck** entsteht. Ein „sensorisches Rindenmännchen“ zeigt den Anteil der Rindenfläche, der auf die verschiedenen Sinnesorgane entfällt, wobei auffällt, dass Lippen und Hände besonders feinfühlig sind.
Eine seltene Form von Blindheit nennt man „Rindenblindheit“. Die Betroffenen besitzen gesunde Augen und Sehnerven und sehen trotzdem nichts: Ihr Seh-Feld ist geschädigt. Bei einem anderen Leiden, der „sensorischer Aphasie“ ist das Sprachverständnis-Feld geschädigt. Betroffene hören normal, können das Gehörte aber nicht verstehen. Worte, die sie selber gesprochen haben, bleiben ihnen unverständlich.

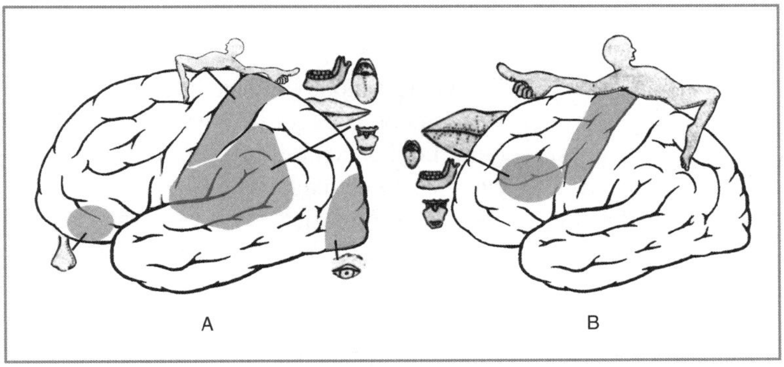


Abb. 56: Felder der Großhirnrinde: (A) Sensorische Felder, (B) Motorische Felder.

## 3.4 Motorische Felder – Steuerung der Bewegung

**Paul Broca** (1824–1880): Französischer Chirurg und Anthropologe.

**Aphasie:** Verlust des Sprechvermögens.

Das bereits 1861 von Paul Broca entdeckte motorische Sprachzentrum (Broca-Areal) liegt in der linken Hemisphäre im Stirnlappen. Ist dieses Feld geschädigt, kann der betroffene Patient trotz gesundem Kehlkopf und Mund nicht mehr sprechen („motorische Aphasie"). Der Patient versteht jedoch Worte und Sätze uneingeschränkt.
Zwischen Broca-Areal und Zentralfurche liegt die motorische Region (Abb. 56 B), die jede **Willkürmotorik** steuert. Man kann die Rindenfläche, die zur Innervierung einer Muskelgruppe dient, als „motorisches Rindenmännchen" verdeutlichen: Sprechen, kontrollierte Mimik und die geschickten Hände beanspruchen viel Rindenfläche.

Axone von Motoneuronen ziehen aus dem Großhirn in den Körper und wechseln größtenteils die Körperseiten. Die Großhirn-Hemisphären steuern also über Kreuz. Schädigungen der rechten Hirnhälfte bewirken deshalb Ausfälle der linken Körperhälte. Ohne Unterbrechung durch Synapsen durchziehen Axone die weiße Substanz bis in die entsprechende Rückenmarksebene. Hier tritt das Axon ins Hinterhorn der grauen Substanz ein und verschaltet im Vorderhorn auf ein Motoneuron. Das Motoneuron leitet das Signal zum Muskel und löst eine schnelle, variable, korrigierbare Bewegung aus – eine echte Reaktion, eine Willkürbewegung.

## 3.5 Assoziative Felder – die „ungenutzten Flächen"

**Agnosie** ist die Unfähigkeit zu erkennen.

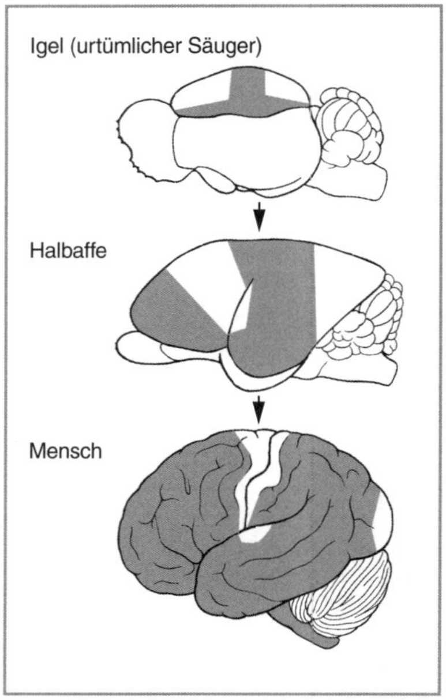


Abb. 57: Die Entwicklung der assoziativen Felder (graue Fläche) im Lauf der Evolution.

Wird ein spezielles assoziatives Feld zerstört oder geschädigt, führt dies bei den Betroffenen zur „Seelenblindheit" oder „optischen Agnosie". Obwohl bei den Betroffenen die Wahrnehmung optischer Reize funktioniert, kann das Wahrgenommene nicht erkannt, eingeordnet oder bewertet werden. Ein Betroffener nimmt ein Hindernis wahr – und weicht ihm reflexartig aus oder schließt reflexartig die Lider – kann den Gegenstand aber nicht wiedererkennen oder benennen.
Viele andere Felder unbekannter Funktion nennt man assoziativ. Die Anzahl dieser scheinbar ungenutzten Felder stieg im Lauf der Evolution stark an und erreicht ihren Höhepunkt beim Menschen. Man geht davon aus, dass genau diese riesigen „ungenutzten Flächen" uns zum Menschen machen: Hier werden unsere angeborenen und erworbenen Verhaltensweisen zu einer unverwechselbaren Persönlichkeit verschmolzen. Hier erfolgt die Verarbeitung aller Eindrücke, die Verknüpfung von Wahrgenommenem und Bekanntem. Hier erfolgt das Planen, Abstrahieren, bewusstes Lernen, Abspeicherung komplexer Inhalte und hier entstehen Gedanken und Willensleistungen wie beispielsweise Willkürbewegungen.
Nur bei monosynaptischen Reflexen verschalten afferente Neurone direkt auf efferente Motoneurone. In der Regel sind mehrere Zwischen- oder Interneurone zwischengeschaltet. Ganze Netzwerke aus solchen Zwischenneuronen vermutet man in den assoziativen Feldern lokalisiert. In diesen Netzwerken liegt das Rätsel um die wichtigsten Funktionen unseres Großhirns.

# 4 Vegetatives Nervensystem

Neben der **anatomischen** Einteilung des Nervensystems in Zentralnervensystem und peripheres Nervensystem gibt es eine weitere, eher **funktionelle** Einteilung (Abb. 58): Als **somatisches** Nervensystem (SNS) werden die Anteile von Zentralnervensystem und peripherem Nervensystem bezeichnet, die mit der Verarbeitung **bewusster** Vorgänge zu tun haben.

**Unbewusste Vorgänge**
→ vgl. S. 103 (Abb. 59)

Als **vegetatives** Nervensystem (VNS) bezeichnet man die Zentren und Fasern, die **unbewusste** oder unwillkürliche Vorgänge steuern: die Regulation und Aufrechterhaltung von Atmung (Lunge), Verdauung (Darmmotorik), Blutkreislauf (Herz), Ionenmilieu (Niere) und Körpertemperatur. Dabei steht es in engem Kontakt mit dem Zentralnervensystem und deshalb ist die Bezeichnung „autonomes Nervensystems" veraltet und irreführend. Das vegetative Nervensystem erhält vom Zentralnervensystem Signale über Sinneseindrücke und Muskelbewegungen und kann diese berücksichtigen.

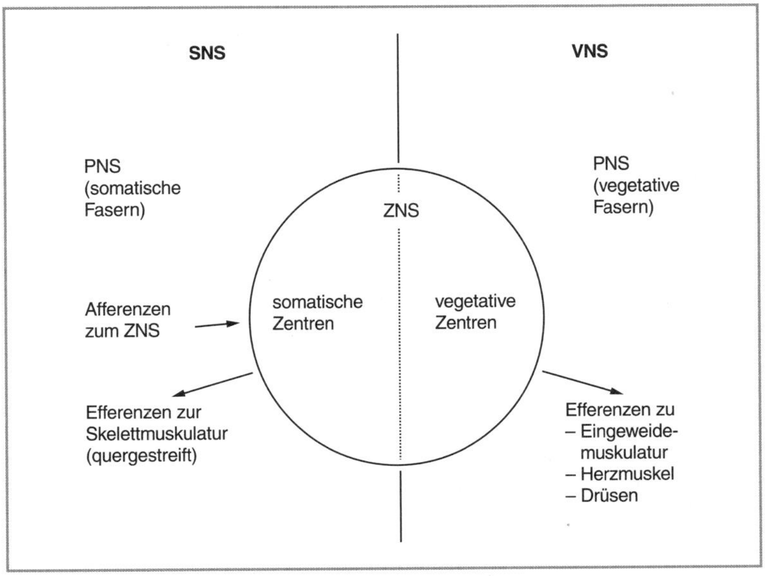


Abb. 58: Die funktionelle Einteilung des Nervensystems.

Neben den vegetativen Zentren im Zentralnervensystem besteht das vegetative Nervensystem aus Efferenzen zur glatten Eingeweidemuskulatur, zur Herzmuskulatur und zu Drüsen. Diese Efferenzen sind anatomisch und funktionell zu unterscheiden. Man nennt sie **Sympathikus** und **Parasympathikus**.

**Regulation der Pupillenweite** → vgl. S. 121

Erstmals tauchte eine Doppelregulation durch antagonistische, vegetative Efferenzen bei Fischen auf, um die Weite ihrer Pupillen zu regulieren. Auch Menschen regulieren die Weite der Pupillen über ein solch raffiniertes System aus Sympathikus und Parasympathikus. Der Sehnerv schickt Signale über die Lichtmenge im Auginneren ins Gehirn. Die Signale werden im Hypothalamus verrechnet und an einen der beiden Gegenspieler weitergeleitet, deren Nervenfasern jeweils zur Irismuskulatur ziehen. Fließen Aktionspotenziale über sympathische Neurone, so kontrahiert sich der Iris-Radial-Muskel und die Pupille weitet sich. Feuern parasympathische Neurone, so kontrahiert sich der Iris-Ring-Muskel und die Pupille wird eng.
Der **Sympathikus** weitet die Pupille, wirkt anregend auf Lunge (Atemmuskulatur), Herz (Puls), Gefäße (Blutdruck), Leber (Speicherabbau) und Nebennierenmark und hemmt gleichzeitig Verdauungstrakt (Darmtätigkeit), Niere, Blase und Geschlechtsorgane (Abb. 59). Beim Mensch wird der Sympathikus aktiviert, sobald der Organismus belastet wird.
Beim **Parasympathikus** ist die Wirkung umgekehrt. Ein aktiver Parasympathikus bedeutet z. B. niedere Puls- und Atemfrequenz und rege Darmtätigkeit. Der Parasympathikus wird aktiviert, wenn der Organismus Ruhe, Erholung und Regeneration erlebt.
Die Eingeweide werden also sowohl sympathisch als auch parasympathisch innerviert. Die Axone des vegetativen Nervensystemes sind marklos – also langsam, zumal es bei der Steuerung der Eingeweide nicht auf Millisekunden ankommt. Unterschiedliche Rezeptoren in den Zielorganen reagieren auf den jeweiligen Transmitter des aktiven Antagonisten. Der Transmitter ist beim leistungssteigernden Sympathikus **Noradrenalin** (Abb. 60) – beim dämpfenden Parasympathikus **Acetylcholin**.

**Marklose Nervenfasern** → vgl. S. 40

**Achtung:** Acetylcholin ist der Transmitter des Parasympathikus und der Motoneuronen.

Der **Sympathikus** steuert den Körper bei Erregung, d. h. er wirkt leistungssteigernd.

Der **Parasympathikus** steuert den Körper in Ruhephasen, d. h. er wirkt beruhigend.

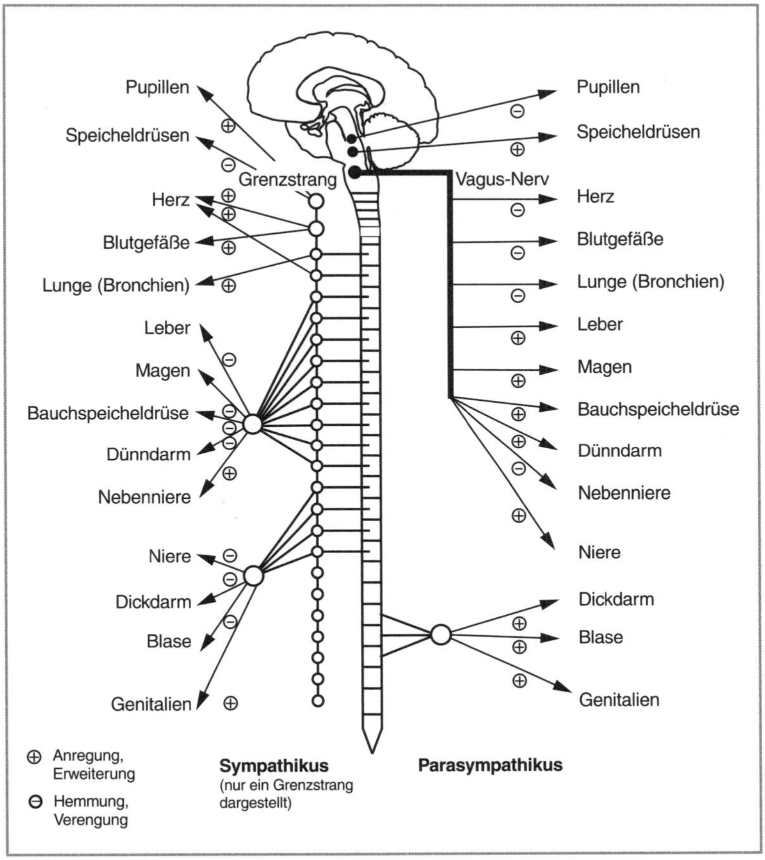


Abb. 59: Antagonismus von Sympathikus und Parasympathikus im Überblick.

**Hypothalamus**
→ vgl. S. 117

Der Hypothalamus (HPT), eine Struktur im Zwischenhirn, die auch das Hormonsystem kontrolliert, ist das Steuerzentrum des gesamten vegetativen Nervensystemes. Der Hypothalamus wird vom Limbischen System beeinflusst, einem Großhirnbereich, der Instinktzentren beherbergt. Instinktähnliches Brutpflege- oder Balzverhalten und vor allem Flucht- oder Kampf-Verhalten gehen mit veränderter Eingeweide- und Drüsentätigkeit einher. Die direkte Beeinflussung des vegetativen Nervensystemes durch das Großhirn ist normalerweise unmöglich. Durch besondere Übungen, z. B. autogenes Training und Meditation, können Menschen lernen, sich bewusst zu entspannen, und dabei Teile ihres vegetativen Nervensystems messbar beeinflussen.

## 4.1 Der Parasympathikus

Die Zellkörper von parasympathischen Neuronen befinden sich teilweise im Bereich des Hypothalamus (im Zwischenhirn). Die Axone dieser Neurone verlassen das Zentralnervensystem entweder über den reich verzweigten **Hirnnerv-Nr. 10** (Nervus vagus) oder über Rückenmarksnerven (Abb. 59). Die im **Kopf- und Halsbereich** aus dem Rückenmark austretenden Axone ziehen z. B. in Richtung Herz, Lunge und Dünndarm. Die parasympathischen Fasern, die erst im unteren Teil aus dem Rückenmark austreten, ziehen beispielsweise in Richtung der Blase und Geschlechtsorgane. Alle präganglionären parasympathischen Neurone enden nahe bei den Zielorganen in einem Ganglion. Hier in den Ganglien werden sie auf postganglionäre parasympathische Folgeneurone verschaltet, die auch cholinerg sind (Abb. 60). Der Transmitter ist **Acetylcholin** und wirkt hier beruhigend.

Bei allen **cholinergen** Neuronen dient Acetylcholin als Transmitter.

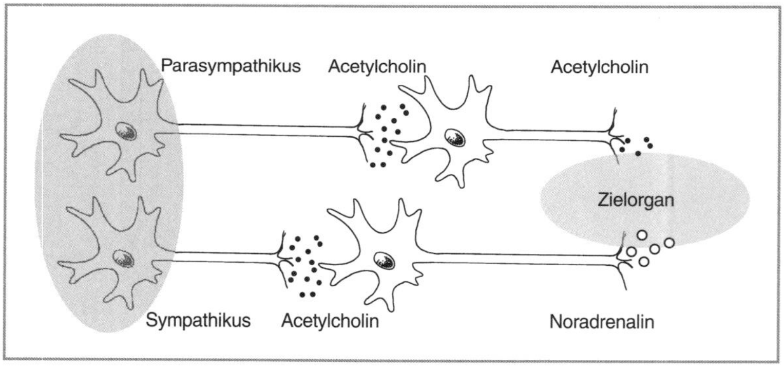


Abb. 60: Prä- und postganglionäre Neurone bei Sympathikus und Parasympathikus.

Wenn **Noradrenalin** der Transmitter ist, werden diese Neurone als adrenerg bezeichnet.

## 4.2 Der Sympathikus

Die Zellkörper von sympathischen Neuronen sitzen im Rückenmark im Seitenhorn der grauen Substanz. In der Ebene von **Brust und Lenden** treten die Axone über die vordere Rückenmarksnervenwurzel aus und bilden die **Grenzstränge** des Sympathikus, die wie Perlschnüre beiderseits der Wirbelsäule verlaufen (Abb. 59). Jeder Grenzstrang verbindet eine Reihe großer Nervenknoten voller Nervenzellkörper und Synapsen. Diese 24–26 Grenzstrang-Ganglien sind das Ziel der so genannten präganglionären sympathischen Neurone. Ihr Transmitter ist ebenfalls Acetylcholin (Abb. 60).

Hier in den Grenzstrang-Ganglien werden die Neurone auf postganglionäre sympathische Neurone verschaltet, so genannte sympathische Folgeneurone. Deren Zellkörper liegt im Grenzstrang-Ganglion und die langen Axone ziehen zu den Zielorganen oder nachgeschalteten Folgeneuronen. Alle sympathischen Folgeneurone haben **Noradrenalin** (Abb. 60) als Transmitter. Noradrenalin wirkt erregend und leistungssteigernd.

## 4.3 Das Nebennierenmark

**Nebennierenmark**
→ siehe S. 117 (Abb. 66) und S. 135 ff.

Embryonal leitet sich das gesamte Nebennierenmark (NNM) aus Nervengewebe ab. Deshalb darf das NNM als Ansammlung von sympathischen Grenzstrang-Ganglien betrachtet werden, die im Laufe der Evolution Drüsenfunktion übernahmen. Dies bestärkt eine Theorie, wonach **Nervenzellen** auch als die **ältesten Hormondrüsen** bezeichnet werden können. Die Transmitter dieser Nervenzellen waren wohl die Vorläufer der Gewebshormone und Hormone. Im NNM werden Noradrenalin und Adrenalin gespeichert und bei Erregung sezerniert. Nach einem Adrenalin(aus)stoß wird das kurzlebige Adrenalin schnell wieder abgebaut.

Unsere Vorfahren erlebten **Bedrohungssituationen**, in denen sie blitzschnell handeln mussten. Längeres Überlegen wäre in diesen Flucht-oder-Kampf-Situationen gefährlich gewesen. Auch unsere Körper stellen sich automatisch auf gesteigerte Leistung ein, wenn wir z. B. eine drohende Gefahr bemerken. Unwillkürlich übernimmt der leistungssteigernde Sympathikus die Herrschaft über unsere Körperfunktionen und stellt uns auf körperliche Höchstleistungen ein. Das Nebennierenmark schüttet **Adrenalin**, das **„Notfallhormon“** aus und bereitet die Muskeln und das Nervensystem auf **Flucht oder Kampf** vor.

Hormonelle Regulation **des Fight or Flight-Syndroms** → vgl. S. 135 ff.

**Stress** und hormonelle Regulation des **Allgemeinen Anpassungs-Syndroms** → vgl. S. 136 f.

Dauert eine bedrohliche Situation längere Zeit an, so empfangen wir **anhaltende** unangenehme Reize, Stressoren. Die Zivilisation brachte es mit sich, dass wir häufig Stress ertragen müssen, weil wir nicht fliehen oder kämpfen. Ein Schüler an der Tafel oder ein Angestellter vor seinem Chef darf seine Triebe zu fliehen oder zu kämpfen nicht ausleben – er muss Stress ertragen. Stress äußert sich im so genannten **Allgemeinen Anpassungs-Syndrom** (AAS).

# Zusammenfassung

Die Nervensysteme wurden im Laufe der Evolution größer und komplexer. Parallel kam es zur **Zentralisation und Cephalisation**. Das Gehirn der Wirbeltiere besteht aus Vorder-, Zwischen-, Mittel-, Klein- und Nachhirn. Sinneszellen senden Signale über pseudounipolare Nervenzellen ins Rückenmark bzw. Gehirn und das Zentralnervensystem schickt die verarbeitenden Informationen über Motoneurone zu den Muskeln.

Angeborene Verhaltensweisen wie z. B. **Automatismen und Reflexe** sind anatomisch im **Rückenmark** verankert. Monosynaptische **Reflexbögen** sind einfache Formen von Reiz-Bewegungs-Verknüpfungen. Variablere Bewegungen sind Fremdreflexe und Willkürmotorik. Beweglichkeit steht im Zusammenhang mit dem **Kleinhirn**. Vom **Zwischenhirn**, wo Triebe und Gefühle entstehen, werden die Hormone und das vegetative Nervensystem überwacht. Die Gehirnforschung zielt auf die Enträtselung der Funktionen der Großhirnrinde mit ihren sensorischen, motorischen und assoziativen Feldern.

Das Nervensystem kann in zentrale und periphere oder in somatische und vegetative Anteile untergliedert werden. **Sympathikus und Parasympathikus** sind antagonistische Efferenzen des vegetativen Nervensystems. Der Sympathikus steuert den Körper bei Erregung, d. h. er wirkt leistungssteigernd. Die Folgen erlebt man kurzfristig als „Fight or Flight-Syndrom“ und mittelfristig als Allgemeines Anpassungs-Syndrom oder Stress.

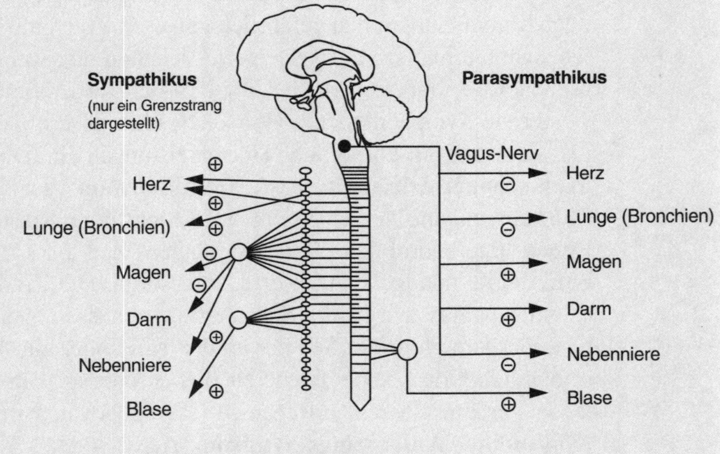

# Hormonsysteme

„Jenkins, ... ich fürchte, Sie haben schon wieder eine Frau an Bord geschmuggelt!"

Schon vor etwa 150 Jahren gab es Hinweise darauf, dass der Bart eines Mannes in Zeiten vermehrter sexueller Erwartung und Aktivität verstärkt wächst. Diese Beobachtung wird heute von Wissenschaftlern bestätigt.
Die Ursache sind winzige Mengen von körpereigenen Botenstoffen – den Hormonen.

# 1 Die Hormone

Das stammesgeschichtlich älteste Kommunikationssystem in einem tierischen Organismus ist das Nervensystem. Die Botenstoffe diese Nervensystems, die **Transmitter**, erreichen per Diffusion nur direkt benachbarte Zielzellen. Freie Transmitter kommen definitionsgemäß nur im Extrazellulärraum vor. Sie binden kurzfristig an kanalgekoppelte Rezeptoren, verändern die Ionendurchlässigkeit der Zielzellmembran, lösen sich ab und werden rasch abgebaut.

**Transmitter** des Menschen → vgl. S. 59 ff.

Heute geht man davon aus, dass sich aus dem Nervensystem das zweite innerkörperliche Kommunikationssystem der Tiere entwickelt hat – das Hormonsystem.

**Hormon:** griech. *horman* antreibend, reizen

**Hormone** sind chemische Botenstoffe, die vom Organismus in spezialisierten Zellen oder Organen gebildet werden und meistens in die Blutbahn abgegeben werden. Sie üben auch in entfernten Zielzellen oder Zielorganen ihre spezifische, anhaltende Wirkung aus.

Ihre Wirkung üben Hormone bereits in geringsten Konzentrationen (z. B. $10^{-8}$ mol/l), zwar langsam, aber über einen relativ langen Zeitraum (von einer Minute bis zu zwei Stunden) aus.

Die Hormone werden in drei Gruppen unterschiedlich stark spezialisierter Zellen gebildet:

- **Neuroendokrine Zellen** sind einzeln vorkommende Zellen, die ihre Botenstoffe in den Extrazellulärraum und ins Blut abgeben. Ihre Botenstoffe nennt man **Neuro-Hormone**. Diese Bezeichnung deutet auf die Brückenstellung zwischen Nerven- und Hormonsystem hin.
- **Endokrine Zellen**, die einzeln in Geweben vorkommen, deren Hauptaufgabe nicht die Hormonproduktion ist, bilden die so genannten **Gewebs-Hormone**. Wie Neuropeptide erreichen auch Gewebshormone benachbarte Gewebe über die Zellzwischenräume oder mit dem Blut. Gewebshormone des Menschen lösen z. B. das Hungergefühl aus und die Bewegung der Darmzotten. Auch Pflanzenhormone können den Gewebshormonen zugeordnet werden.
- **Endokrine Drüsenzellen** sind zu Drüsenkomplexen, den Hormondrüsen, zusammengeschlossen und sezernieren ihre Botenstoffe, die **Drüsenhormone**, in die Blutbahn.

**Endokrin:** griech. *endon* innen, *krinein* absondern

Wichtige **Neuro-Hormone** des Menschen sind z. B. Endorphine, welche die Schmerzempfindungen dämpfen.
→ vgl. S. 68

**Hormondrüsen**
→ vgl. S. 117 (Abb. 68)

Betrachtet man die zunehmende Spezialisierung der hormonbildenden Zellen, so wird klar, warum sich im Laufe der Evolution das Hormonsystem entwickelt hat:
Das Hormonsystem ergänzt und entlastet das Nervensystem. Während Letzteres die Übertragung eiliger Informationen übernimmt – und deren Verarbeitung leistet –, widmet sich das Hormonsystem den weniger eiligen, aber andauernd benötigten Signalen.

Diese Aufgabenteilung wird beim Vergleich (Tab. 15) zwischen den beiden Nachrichtensystemen offensichtlich.

**„second messenger“:** engl. *zweiter Bote*, gibt das Signal des Hormons innerhalb der Zelle weiter, indem er Enzyme aktiviert.
→ siehe S. 112

| | **Nervensystem** | **Hormonsystem** |
|---|---|---|
| Transportweg des Botenstoffs | sehr kurz (durch den synaptischen Spalt; ca. $10^{-8}$ m) | weit (durch die Blutbahn; ca. 1 m) |
| Übertragungsgeschwindigkeit | sehr schnell (ca. 100 m/s) | langsam (ca. 5 mm/s) |
| Rezeptoren der Empfängerzelle | gekoppelt an Ionenkanäle | 1. im Plasma<br>2. in der Zellmembran, gekoppelt an „second-messenger“ |
| Dauer der Wirkung | sehr kurzfristig (ca. 1–3 ms) | anhaltend (Minuten bis Tage) |
| Energieaufwand | hoch | niedrig |

Tab. 15: Vergleich zwischen Nervensystem und Hormonsystem.

Als Merkhilfe kann der Vergleich zweier technischer Nachrichtensysteme dienen: Das Nervensystem verbindet, wie das Telefon, durch eine Leitung Sender und Empfänger direkt und exklusiv. Dagegen streut das Hormonsystem, ähnlich wie der Rundfunk, Nachrichten aus und der Empfänger sammelt diese Signale auf.

## 1.1 Methoden der Hormonforschung

Lange bevor die Existenz, der Chemismus oder die Wirkmechanismen von Hormonen bekannt waren, wurden die Hormonwirkungen unbewusst genutzt. Stieren wurden die Hoden entfernt, sie wurden kastriert, um als friedliche und starke Zug-Ochsen Lasten zu ziehen. Kastrierte Hähne verweiblichten und setzten besonders zartes Fleisch an. Kastrierte Knaben sangen noch bis 1900 in päpstlichen Chören. Eunuchen, ohne Spermien, ohne sekundäre männliche Geschlechtsmerkmale und ohne männlichen Geschlechtstrieb, bewachten orientalische Haremsdamen. Die Geschichte der Hormonforschung zeigt einige Methoden naturwissenschaftlicher Erkenntnisfindung: Beobachtungen, wie die Folgen von Kastrationen, führten zu der Frage nach den Ursachen: Was war es, das aus den Hoden in den Körper stieg und Stiere wild, Hähne zäh und Männer tiefstimmig machte?
Die Frage wurde bereits 1848 experimentell angegangen. Bei jungen Hähnen wurden beide bzw. ein Hoden entfernt und man beobachtete, dass nur die völlige Kastration zur Verweiblichung führte. Die Hypothese, dass ein Stoff im Hoden steckte, der die „Männlichkeit" ausmachte, lag nahe. Es galt, diese Hypothese zu überprüfen.
Man legte einem kastrierten Hähnchen eigene oder fremde Hoden frei in die Bauchhöhle – und die Verweiblichung blieb aus. Der „Männlichkeits-Stoff" existierte und schien aus den eigenen und fremden Hoden gleichermaßen auszutreten und im Blut transportiert zu werden. Nach der Extraktion mit unpolaren Lösungsmitteln fand man das Geschlechtshormon Testosteron im Hoden und im Blut von Männern.

**Extraktion** bedeutet Herauslösung.

**Unpolare Lösungsmittel** bestehen aus ungesättigten Kohlenwasserstoffen (z. B. Benzin), die zur Lösung u. a. von Fetten genutzt werden.

**Testosteron** ist ein aus dem Testikel oder Hoden stammendes „Steroid". → vgl. S. 130

Das Wechselspiel aus Hypothese und Experiment wurde um Verallgemeinerungen ergänzt und das theoretische Gedankengebäude der Hormone entstand: Die **Entfernung** bzw. der Ausfall einer Drüse kann dadurch ausgeglichen werden, dass man eine fremde Drüse implantiert (Re-Implantation bzw. **Wiedereinpflanzung**) oder den Extrakt der Drüse bzw. das isolierte Hormon verabreicht. Diese Grundlagenforschung kommt längst im Bereich der Medizin zur Anwendung: **Hormongaben** helfen Patienten mit Unterfunktionen von Schilddrüse (Myxödem), Bauchspeicheldrüse (Diabetes) oder Eierstöcken (Menstruationsbeschwerden).

**Myxödem** → vgl. S. 125
**Diabetes** → vgl. S. 128 f.
**Menstruation** → vgl. S. 131 ff.

Heute beschäftigen sich die Hormonforscher mit neuen Fragen, wie nach neuen Nachweistechniken, nach den wirksamen Gruppen in den Hormonmolekülen oder nach dem Aufbau der Hormon-Rezeptoren.

Weil die Hormonkonzentrationen im Blut und Urin oftmals so niedrig liegen, dass sie mit den herkömmlichen Methoden nicht nachzuweisen waren, wurden in den letzten Jahren neue Nachweismethoden entwickelt. Ein erster Schwangerschaftstest basierte auf der Injektion von Urin einer schwangeren Frau in Krallenfrösche, wobei das menschliche Schwangerschaftshormon bei den Fröschen Veränderungen auslöste. Mittlerweile kommen immunbiologische Methoden zum Einsatz. Zu jedem Hormon wird ein Antikörper hergestellt und dieser Hormon-Antikörper-Komplex lässt sich optisch nachweisen.

## 1.2 Aufbau und Wirkungsweise von Hormonen

**Hormondefinition**
→ siehe S. 108

Chemisch gesehen sind Hormone keine einheitliche Gruppe; der Begriff stellt nur eine Funktionsbezeichnung dar. Nach ihrem Aufbau können die wichtigsten Hormone in drei Gruppen eingeteilt werden: aminosäureverwandte Hormone, Peptid-Hormone, Steroidhormone.

**Releasing-Hormon:** engl. *release* freigeben, auslösen

**Inhibiting-Hormon:** engl. *inhibit* verhindern

| Hormon | Bildungsort |
|---|---|
| **1. Aminosäure-Verwandte** | |
| Thyroxin | Schilddrüse (Achtung: Thyroxin wirkt wie ein Steroid-Hormon) |
| Adrenalin und Noradrenalin | Nebennierenmark |
| **2. Peptide** | |
| Releasing- und Inhibiting-Hormone | Hypothalamus |
| Adiuretin (Vasopressin) und Oxytocin | Hypothalamus bzw. Hypophysenhinterlappen |
| Melantropin | Hypophysenmittellappen |
| **Proteine** | |
| Insulin und Glukagon | Bauchspeicheldrüse |
| Calcitonin und Parathormon | Nebenschilddrüse |
| Wachstumshormon (STH) | Hypophysenvorderlappen |
| Thyreotropin (TSH) | vgl. Hypophysenvorderlappen |
| Adreno-Cortico-tropin (ACTH) | Hypophysenvorderlappen |
| Luteinisierendes Hormon (LH) | Hypophysenvorderlappen |
| Follikelstimulierendes Hormon (FSH) | Hypophysenvorderlappen |
| **3. Steroid-Hormone** | |
| Corticosteroide: Cortison | Nebennierenrinde |
| Sexualhormone (Androgene: Testosteron, Östrogene: Östradiol, Progesteron) | Hoden (Testikel), Eierstock (Ovar) |
| Insekten-Häutungs-Hormon: Ecdyson | Prothorax-Drüse |

Tab. 16: Die drei Hormongruppen und die wichtigsten Beispiele.

## Peptid-Hormone und aminosäureverwandte Hormone

Die meisten Hormone sind Peptide, also Verknüpfungen aus 3–100 Aminosäuren, oder Proteine, Polypeptide mit mehr als 100 Aminosäuren. Aminosäureverwandte Hormone werden aus Aminosäuren als Vorstufe gebildet; ihre Gruppe umfasst nur wenige Vertreter (siehe Tabelle 16).

**Transmitterwirkung**
→ vgl. S. 59 ff.

In der Wirkungsweise sind beide Gruppen den Transmittern recht ähnlich: Sie sind wasserlöslich und können die aus Fetten aufgebaute Zielzellmembran nicht durchdringen, um ins Plasma der Zielzelle zu gelangen. Transmitter und Peptid- bzw. aminosäureverwandte Hormone heften sich an **Rezeptoren** auf der Zielzellmembran. Während Transmitter an Rezeptoren binden, die einen Ionenkanal beeinflussen, lagern sich die Hormone an Rezeptoren, die an der Membraninnenseite ein Enzym aktivieren. Die Passung von Rezeptor und Hormon gewährleistet, dass das Hormon die richtige Zelle erreicht. Haben sich Hormon und Rezeptor verbunden (vgl. Abb. 61 A), löst dieser Komplex im Zellplasma die Bildung eines **„second messengers“** aus, also eines „Zweiten Boten“. Beispielsweise erzeugen Adenylatcyclasen in Zielzellen aus ATP das cAMP (Abb. 61 B). Dieses im Zellplasma entstandene cAMP wirkt nun als second messenger: Es aktiviert verschiedene in der Zielzelle vorliegende Enzyme (Abb. 61 C und D).

**ATP:** Adenosintriphosphat
**cAMP:** Cylisches Adenosinmonophosphat

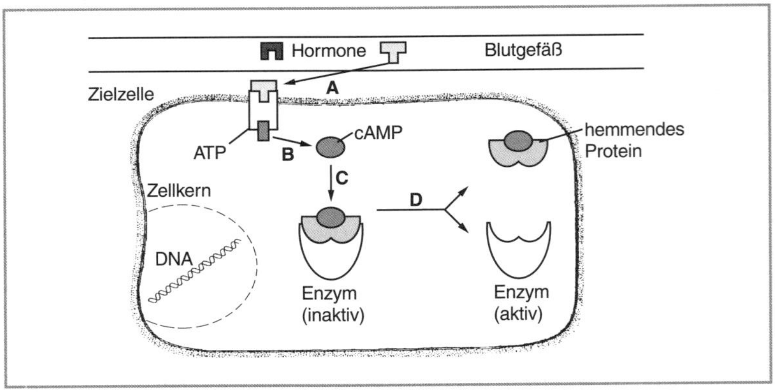


Abb. 61: Zelluläre Wirkungsweise eines Protein-Hormons.

**AMP:** Adenosinmonophosphat

Später baut ein anderes Enzym, die Phosphodiesterase, das cAMP zu AMP um und die Stoffwechselsituation kehrt so in den Ausgangszustand zurück. Hormone bewirkten also durch eine Veränderungen der **Enzymaktivität** eine veränderte Stoffwechselsituation in der Zielzelle.

Anders als die Rezeptoren der Transmitter binden die Rezeptoren für Hormone ihre Botenstoffe sehr fest. Deshalb funktioniert das Hormonsystem mit geringsten Hormonkonzentrationen.

**Diabetes** → siehe S. 128

Zu den Protein-Hormonen gehört u. a. das Insulin, das Diabetiker dem Körper zuführen müssen. Weil es als Protein-Hormon verdaut werden würde, kann es nicht oral eingenommen werden, sondern muss injiziert werden.

## Steroid-Hormone

Alle Steroid-Hormone besitzen einen Steroid-Grundkörper (Abb. 62). Es handelt sich um fettlösliche Moleküle, die Biomembranen passieren können (siehe Abb. 63 A). Die zelluläre Wirkungsweise dieser Hormone unterscheidet sich fundamental von jener der Protein-Hormone. Erst im Zellplasma verbinden sich Hormon und Rezeptor zu einem Komplex (siehe Abb. 63 B), der in den Zellkern gelangt und auf der DNA Gene aktiviert (Abb. 63 C). Über Transkription und Processing wird ein mRNA gebildet (Abb. 63 D). Durch Translation werden Proteine neu synthetisiert (Abb. 63 E). In diesem Fall bewirkt ein Hormon die Veränderung des **Enzymbestandes** und damit die **Enzymaktivität** und beeinflusst so die Stoffwechselsituation in der Zielzelle.

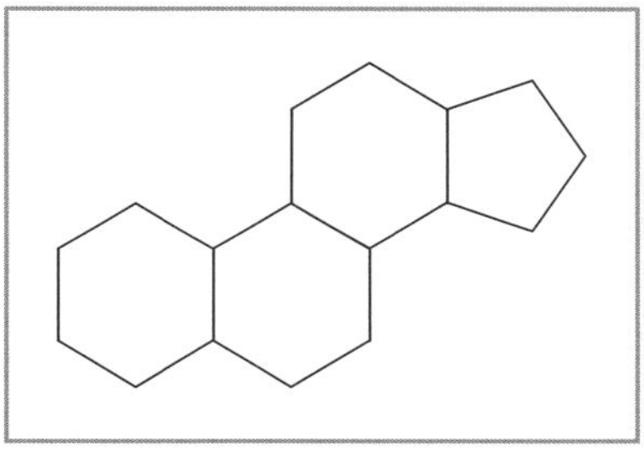

Abb. 62: Steroid-Grundkörper aus drei $C_6$-Ringen und einem $C_5$-Ring.

**Transkription** bedeutet Abschreibung von DNA auf RNA, **Processing** Reifung von RNA und **Translation** Übersetzung in ein Protein.

1954 isolierten Chemiker aus Insekten das Häutungshormon Ecdyson. Dafür wurden Insekten zermahlen und ein daraus gewonnener unpolarer Lösungsmittel-Extrakt mittels Chromatografie aufgetrennt. Eine halbe Tonne Raupen lieferte ganze 25 mg Hormon. Ecdyson zählt heute mit zu den am besten erforschten Hormonen und soll als Beispiel für die Wirkungsweise von Steroid-Hormonen dienen.

**Repressoren** blockieren die DNA und verhindern so die Transkription.

**Puffs** sind Chromosomenbereiche mit aktiver Transkription.

**Riesenchromosomen** entstehen durch Verdopplung ohne Chromosomentrennung.

**Autoradiografie** zeigt den Einbau von radioaktiven Markern ins Gewebe.

Das Ecdyson entfernt einen Repressor von einem bestimmten DNA-Abschnitt und ermöglicht deshalb die Protein-Neu-Synthese. Bereits 15 Minuten nach der Verabreichung bewirkt Ecdyson gewebe- und stadienspezifische Puffs auf den Riesenchromosomen von Insekten. Die Aktivität an Ribosomen und in Mitochondrien steigt: Radioaktiv markierte Sonden, z. B. Tritium-Uridin oder Tritium-Thymidin, können angeboten, eingebaut und autoradiografisch nachgewiesen werden. Actinomycin, ein Gift, das die Transkription verhindert, hemmt auch die Ecdysonwirkung. Puromycin, ein tRNA-Analogon und Translationsgift, verhindert ebenfalls die Ecdysonwirkung. Spritzt man dagegen die entsprechende mRNA, so ersetzt diese die Ecdysonwirkung. All diese Befunde sind ein Hinweis, dass Ecdyson tatsächlich eine Proteinsynthese bewirkt.

**Ribosomen** sind die Organellen, an denen die Translation erfolgt.

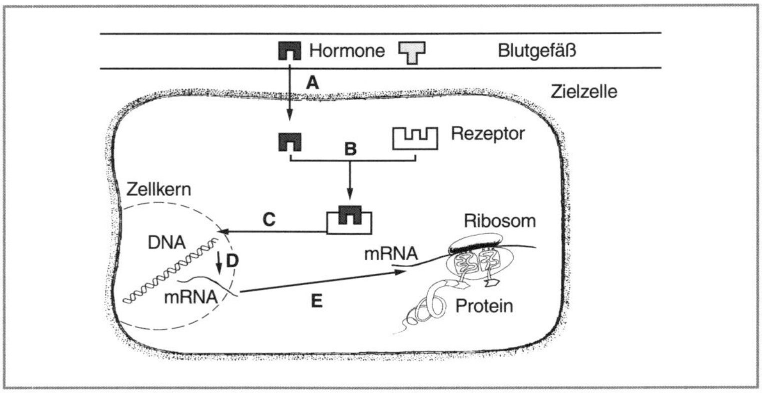


Abb. 63: Zelluläre Wirkungsweise eines Steroid-Hormons.

Die Wirkung eines Steroid-Hormons setzt beim Menschen oft erst nach Stunden ein, weil die Enzym-Neu-Synthese naturgemäß einige Zeit in Anspruch nimmt. Steroid-Hormone können dem Körper im Gegensatz zu den Protein-Hormonen oral oder über die Haut zugeführt werden (z. B. „Anti-Baby"-Pille; Cortison-Salbe).

# 2 Überblick über Hormonsysteme

## 2.1 Hormone bei Wirbellosen

**neuroendokrin**
→ siehe S. 108
**Neuro-Hormone**
→ siehe S. 108

Erst im Laufe der Stammesgeschichte entwickelte sich, aus dem Nervensystem abgeleitet, allmählich ein echtes Hormonsystem. Beim Regenwurm ist beispielsweise jede zweite Nervenzelle des Bauchmarks neuroendokrin. Bei Krebsen bewirken **Neuro-Hormone** die Beschleunigung des Herzschlages oder leiten die Häutung ein. Insekten besitzen neben neuroendokrinen Zellen auch hochspezialisierte endokrine Drüsenzellen (Abb. 64).

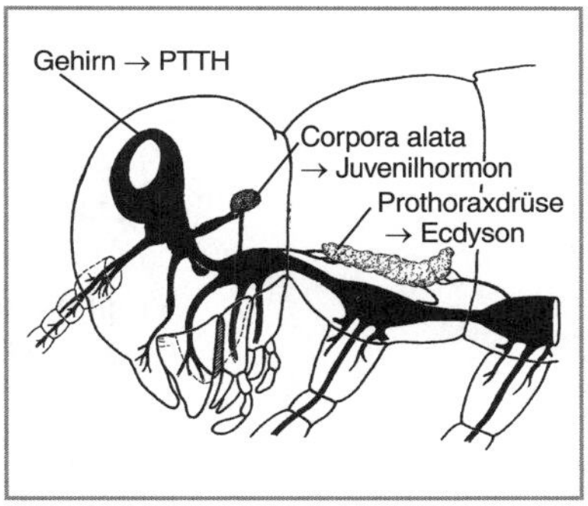


Abb. 64: Wichtige Hormondrüsen der Insekten und deren Hormone.

Wie die Krebse können auch Insekten nur wachsen, indem sie durch Häutung den alten, zu engen Chitinpanzer abstreifen und eine neue Chitinhülle ausbilden. Jede Häutung wird auch hier durch neuroendokrine Zellen im Gehirn gestartet. Diese Zellen bilden das Prothoracotrope Hormon (PTTH), das 1917 als erstes Hormon bei Insekten entdeckt wurde. PTTH gelangt vom Gehirn über Axone in den Körper, wo es wie Neuropeptide in die Körperflüssigkeit freigesetzt wird. PTTH wirkt auf die Prothorax-Drüsen der Insektenlarven ein, worauf das Hormon Ecdyson freigesetzt wird. Ab einer bestimmten Ecdyson-Konzentration kommt es zur Larvenhäutung (siehe Abb. 65). Doch wie wird gewährleistet, dass nach einer festgelegten Anzahl von Larvenhäutungen plötzlich die Verpuppung der Larven erfolgt? Wie kommt es zur Entscheidung zur letzten Häutung, der Erwachsenen- oder Imaginal-Häutung?

Die **Prothorax-Drüsen** werden so genannt, weil sich die Drüsen im vordersten (pro) Körpersegment des Bruststückes (thorax) der Insektenlarve befinden.

Das geschlechtsreife und voll entwickelte Insekt heißt **Imago**.

**Corpora allata:** lat. *corpus* Körper, *allatus* geflügelt

**Juvenilhormon:** lat. *iuventus* Jugend

Hier kommen die paarigen Hormondrüsen namens Corpora allata ins Spiel (Abb. 64). Sie schütten das Juvenilhormon aus. Die Konzentration sinkt im Laufe des Lebens der Insektenlarve ab. Solange viel Juvenilhormon sezerniert wird, bewirkt Ecdyson eine Larvenhäutung, wird aber eine kritische Konzentration von Juvenilhormon unterschritten, bewirkt Ecdyson die Erwachsenenhäutung (Abb. 65).

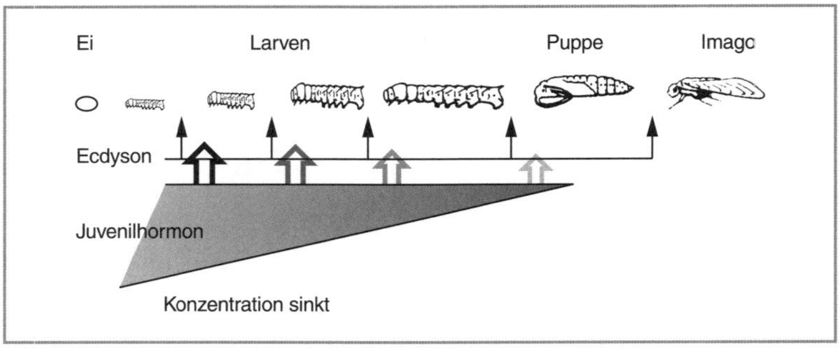


Abb. 65: Hormonelle Kontrolle der Insektenhäutung. Die Pfeile geben den Zeitpunkt der Hormongabe an.

Die Entfernung der PTTH-produzierenden Zellen und damit die Unterbrechung der Ecdysonbildung führt zu immer weiterem Wachstum der Larve. Eine Verpuppung kann nicht mehr stattfinden. Erst wenn man PTTH bzw. Ecdyson verabreicht – z. B. durch Injektion oder Re-Implantation von PTTH-produzierenden Zellen – kommt es zur Verpuppung. Eine scheinbare „ewige Jugend", d. h. die Verhinderung der Verpuppung, garantiert auch die Injektionen mit Extrakten aus der Corpora alata jüngerer Larven.
Heute sucht man nach sinnvollen Anwendungen des Wissens um die Insektenhormone. Da das Juvenilhormon in praktisch allen Insekten die Geschlechtsreife verhindert, wäre es, zumindest theoretisch, ein extrem wirksames Insektenvernichtungsmittel, das andere Tiergruppen unangetastet lässt.

## 2.2 Hormonsystem des Menschen

Abhängig von Veränderungen in der Umwelt (z. B. furchtauslösende Reize) oder im Körper (z. B. Wassermangel) muss es zu veränderten Hormonabgaben ins Blut, d. h. zu veränderten Drüsenaktivitäten kommen. Eine Vielzahl von Hormondrüsen setzt unterschiedliche Mengen und Arten von Hormonen ins Blut (Abb. 66) frei. Diese Ausschüttung unterliegt in der Regel einer Kontrolle und Koordinierung durch das Nervensystem.

Das **Großhirn**, in dem alle Sinneseindrücke entstehen und verarbeitet werden, sendet seine steuernden Signale an das Zwischenhirn.
Das **Zwischenhirn** enthält den Thalamus, der die Eindrücke des Großhirns filtert und an der Erzeugung von Trieben und Gefühlen beteiligt ist. Unterhalb des Thalamus sitzen der Hypothalamus und die Hirnanhangsdrüse oder Hypophyse.
Der **Hypothalamus (HPT)** koordiniert das Hormonsystem und die Nervensysteme. Der HPT beeinflusst als oberste Hormon-Steuer-Zentrale die Hypophyse. Er ist über ein dichtes Netz von Axonen und Blutgefäßen mit der Hypophyse verbunden. Über Axone gelangen Neurohormone, die in neurosekretorischen Zellen des HPT gebildet werden, wie Adiuretin, das den Blutdruck und den Salz- bzw. Wasserhaushalt reguliert, und Ocytocin, das den Beginn der Wehen bewirkt, aus dem HPT direkt in den Hypophysenhinterlappen. Über Blutgefäße erreichen Releasing-Hormone oder Inhibiting-Hormone sehr rasch die Hypophyse, wo sie die Hormonausschüttung beeinflussen.
Die **Hypophyse** ist ein nur erbsengroßes Anhängsel an der Unterseite des Zwischenhirns. Trotzdem ist sie die wichtigste Hormondrüse. Sie beeinflusst verschiedene Hormondrüsen und ist sozusagen ihr „direkter Vorgesetzter". Adiuretin und Ocytocin gelangen über Axone vom Hypothalamus in den Hypophysenhinterlappen und werden dort gespeichert. Bei Bedarf werden sie ins Blut abgegeben.
Der Hypophysenvorderlappen (HVL) produziert und sezerniert das Wachstumshormon Somatropin und sehr viele wichtige glandotrope Hormone, wie beispielsweise die beiden Hormone Thyreotropin und Adrenocorticotropin, die untergeordnete Drüsen anregen.

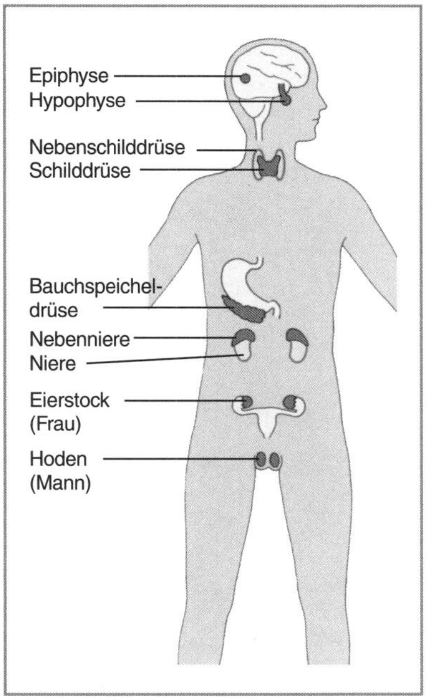


Abb. 66: Die Lage der Hormondrüsen.

**Somatotropin** (somatotropes Hormon; STH) ist ein Hormon, das zu allgemeinem Wachstum anregt.

**Glandotrop** bedeutet „auf Drüsen gerichtet

| Hormondrüsen | Hormone | Wirkung |
|---|---|---|
| Hirnanhangsdrüse = Hypophyse | Somatotropin = STH<br>Adreno-Cortico-tropin = ACTH<br>Thyreotropin = TSH<br>FSH<br>LH<br>LTH (Prolactin) | Stimuliert Wachstum<br>Stimuliert Nebennieren-rinde<br>Stimuliert Schilddrüse<br>Follikel-Stimulation<br>Luteinisierung<br>Gelbkörper-Erhalt, Milchdrüsen-Reifung |
| Zirbeldrüse = Epiphyse | Melatonin | Tag/Nacht-Rhythmus: Wachen/Schlafen |
| Nebenschilddrüse | Parathormon = PTH<br>Calcitonin | $Ca^{2+}$-Freisetzung<br>$Ca^{2+}$-Abspeicherung |
| Schilddrüse | Triiodthyronin = T3<br>Thyroxin = T4 | Erhöhung von Grund-umsatz/Stoffwechsel |
| Bauchspeicheldrüse (Langerhans'sche Inseln)<br>• A-Zellen<br>• B-Zellen<br>• D-Zellen | Glukagon<br>Insulin<br>Somatostatin | Hebt Blutzucker<br>Senkt Blutzucker<br>Wachstumsstopp |
| Nebennierenmark | Adrenalin<br>Noradrenalin | „Notfall-Hormone“ ⟶ Leistungsbereitschaft, Flucht und Kampf |
| Nebennierenrinde | Corticosteroide:<br>1. Gluko-Corticoide (z. B. Cortisol)<br>2. Mineralo-Corticoide (Aldosteron) | 1. „Stress-Hormone“ ⟶ Allgemeine Anpassung: Depotabbau, Immun-depression<br>2. Mineral- und Wasser-Haushalt |
| **Eierstock**<br>• Follikel<br>• Gelbkörper | Östrogene: (z. B. Östradiol)<br>Gestagene: (Progesteron) | Ausbildung weiblicher Geschlechtsmerkmale<br>Ovarial-Zyklus, Erhalt von Gelbkörper, Schwangerschaft |
| Hoden | Testosteron | Spermienreifung, Aus-bildung männlicher Geschlechtsmerkmale |

Tab. 17: Überblick über die Hormondrüsen des Menschen und ihre Wirkungsweise.

Großhirn, Hypothalamus und Hypophyse sind **Regelzentren**, die den verschiedenen Hormondrüsen hierarchisch übergeordnet sind.

# 3 Hormonelle Regulation

## 3.1 Steuerung und Regulation

Auf jedes Lebewesen wirken dauernd Veränderungen in ihrer Umwelt ein, auf die der Organismus reagiert. Temperaturschwankungen in der Umgebung führen beim Menschen z. B. zu Reaktionen, die die Körpertemperatur erhalten, d. h. es erfolgt eine Anpassung. Biologische Systeme zum Ausgleich oder zur Korrektur von „Störungen“ sind oft kompliziert. Um die Mechanismen zu veranschaulichen oder leichter zu verstehen, werden Modelle aus der Kybernetik herangezogen.

**Kybernetik:** griech. *kybernetes* Steuermann oder Lotse; die Lehre von Steuerung und Regelung wurde vom amerikanischen Mathematiker Norbert Wiener (1894–1964) begründet, der mit dieser Methode technische und biologische Regelvorgänge vergleichen wollte.

**Steuerung** bedeutet, dass eine Information gegeben und umgesetzt wird. Der Kapitän gibt einen Befehl – der Matrose setzt ihn um.

**Regelung** ist komplizierter: Es kommt zu Rückkopplungen innerhalb des Systems, d. h. das Zielobjekt wirkt auf das auslösende zurück. Regelung bedeutet fortwährende Überwachung und dauernde Eingriffe und führt zur Selbststeuerung des Systems im Kreisprozess – ein Regelkreis, in dem Wirkungen zur Ursache für neue Wirkungen werden.

**Oszillation:** lat. *oscillare* sich schaukeln

**Feedback:** engl. für Rückkopplung

Durch **Regelkreise** werden biologische Vorgänge so geregelt, dass vorgegebene Größenwerte erhalten bzw. nach kurzer Zeit wieder erreicht werden. **Oszillierende** Regelkreise mit negativem Feedback sind komplexe Formen der Korrektur und Gegenkorrektur zur Erreichung und Erhaltung eines Sollzustandes.

Drei Beispiele sollen das Prinzip der **Regelkreise** veranschaulichen:

**1. Beispiel:** Plötzliche Hitzeeinwirkung auf die Haut bewirkt eine Steigerung der Hauttemperatur, worauf die Schweißabsonderung steigt. Diese wiederum bewirkt eine Abkühlung der Haut. Daraufhin geht die Schweißproduktion zurück. Der Regelkreis beruht auf **negativer Rückkopplung**: Die Information „erhöhte Hauttemperatur“ führt zu einer erhöhten Schweißproduktion,

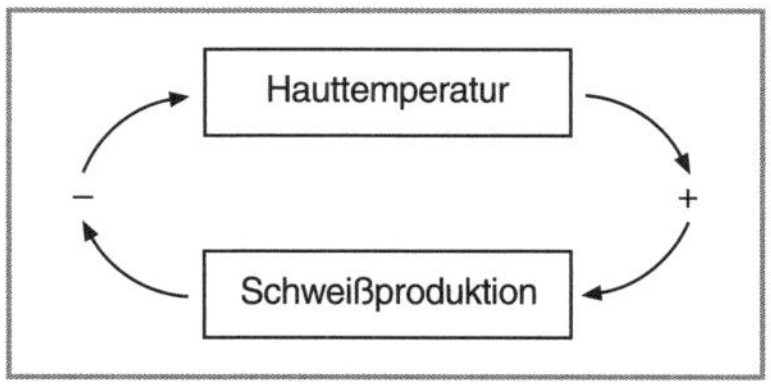


Abb. 67: Einfacher Regelkreis als Pfeildiagramm: Ausführende Organe, Messsensoren usw. sind nicht berücksichtigt. Das „Plus“ steht für gleichgerichtete Reaktionen (je mehr desto mehr, bzw. je weniger desto weniger).

die die Hauttemperatur senkt. Das Ergebnis wirkt auf das ursprüngliche auslösende Signal gegensinnig (hier verringernd) zurück.
**2. Beispiel:** Der Kapitän (Führungsglied) eines Segelschiffes legt einmalig die ideale Fahrtgeschwindigkeit (Sollwert) fest. Er meldet diese dem Steuermann (Regler). Der Steuermann vergleicht die momentane Geschwindigkeit (Istwert), die ein Offizier (Messfühler) gemessen hat, mit dem Sollwert. Häufig stellt der Regler eine Differenz zwischen Soll- und Istwert fest und handelt: Er schickt einen Befehl (Stellwert) an die Matrosen. Je nach Befehl wird nun die Segelfläche (Stellglied) verringert oder vermehrt, um die Geschwindigkeit (Regelgröße) zu verändern. Der Steuermann erhält über den ausgeführten Befehl eine Rückmeldung. Je häufiger es zu Windwechsel (Störgröße) kommt, desto häufiger weicht der Ist- vom Sollzustand ab und die Crew muss immer aktiv sein (Abb. 68). Die Fahrtgeschwindigkeit schwingt (oszilliert) entsprechend um den Sollwert. Begriffe aus der Kybernetik beschreiben in dieser Darstellung den Regelungsprozess.

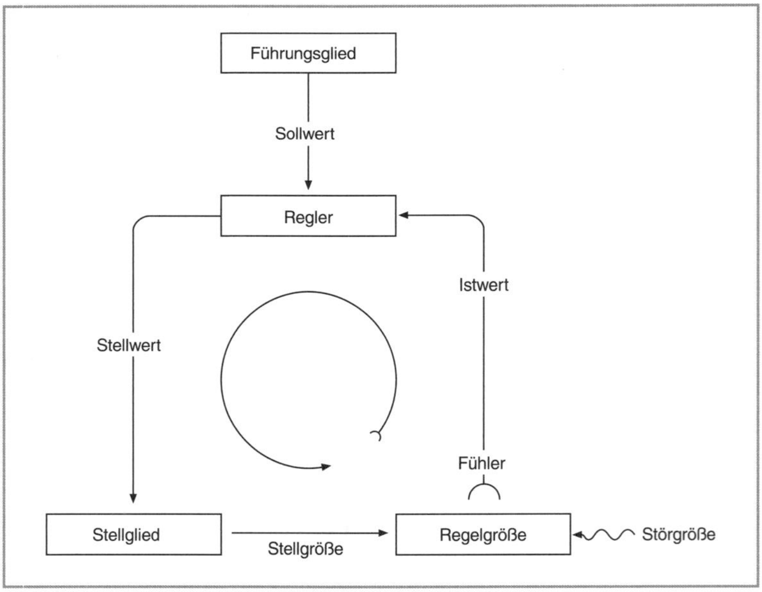


Abb. 68: Oszillierender Regelkreis im Blockschaltbild.

**Hormonregelung**
→ vgl. S. 122 ff.

Solch ein schwingender Regelkreis mit negativer Rückkopplung dient auch als Modell für die Regelung der Pupillengröße. Viele Hormone werden vergleichbar geregelt.

**3. Beispiel:** Ziel des Pupillenreflexes ist es, die Lichtmenge im Auge (Regelgröße) bei wechselnden Helligkeiten der Umgebung (Störgrößen) möglichst konstant zu halten. Die Sinneszellen der Retina (Fühler) messen die aktuelle Lichtmenge im Auge (Istwert) und liefern entsprechende Signale über den Sehnerv ins Zwischenhirn. Die Signale gelangen ins primäre Sehzentrum in der Großhirnrinde sowie in das sekundäre Sehzentrum im Mittelhirn. Von dort gelangt der Istwert zurück ins Zwischenhirn – genauer in den Hypothalamus. Auch der jeweils aktuelle Sollwert kommt als Signal vom Mittelhirn (Führungsglied oder Sollwertgeber) in den Hypothalamus. Im Hypothalamus (Regler) werden Soll- und Istwert verrechnet. Beide möglichen Ergebnisse (Stellwert) werden an Nervenzellen des vegetativen Nervensystems, an Sympathikus oder Parasympathikus, weitergeleitet. Diese Nerven ziehen zur Irismuskulatur (Stellglied). Lautet der Stellwert des Hypothalamus „zu hell", feuern cholinerge, parasympathische Neurone; der Iris-Ring-Muskel kontrahiert und die Pupille wird eng. Lautet der Stellwert des Hypothalamus „zu dunkel", feuern sympathische Neurone; der Noradrenalin- und Adrenalinspiegel im Blut steigt; der Iris-Radial-Muskel kontrahiert und die Pupille weitet sich.

**cholinerg** → vgl. S. 104

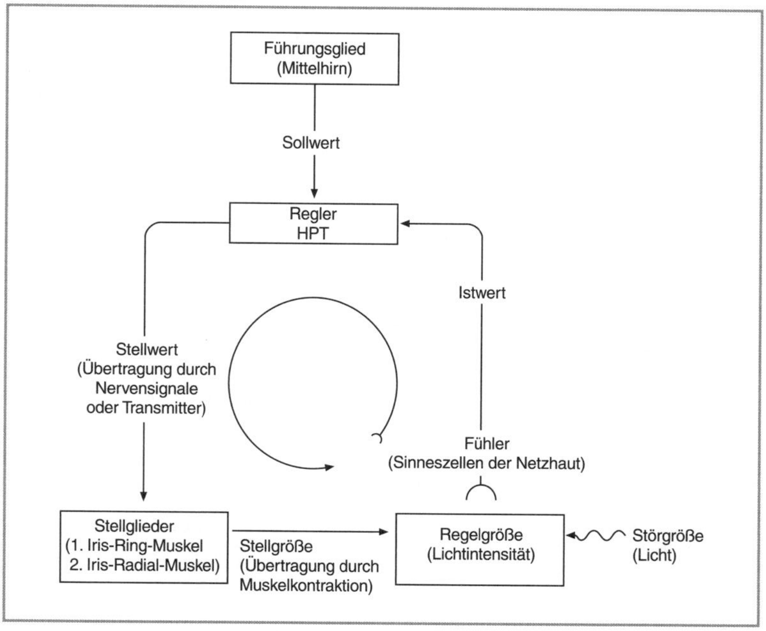


Abb. 69: Regelkreis beim Pupillenreflex.

Ein Beispiel für eine **positive Rückkoppelung** ist die Ovulationsauslösung durch LH und Östradiol → vgl. S. 132

Die meisten Regelungsvorgänge im Organismus unterliegen einer negativen Rückmeldung, weil auf diese Weise ein „Überschießen“ der beabsichtigten Reaktion vermieden wird. Ein Beispiel für eine **positive Rückkopplung**, in der das ursprüngliche Signal durch die Rückkopplung verstärkt wird, ist das Folgende:
Ein Lehrer lobt einen Schüler. Der Schüler bekommt mehr Freude am Unterricht und er arbeitet besser mit. Der Schüler wird in Zukunft häufiger gelobt werden. Ein solcher sich selbst verstärkender Prozess, eine **positive Rückkopplung** (positive feedback) findet sich im Körper nur selten.

## 3.2 Regelung wichtiger Hormondrüsen

Nachdem im vorangehenden Kapitel die Prinzipien biologischer Regelung besprochen wurden, werden jetzt die wichtigsten Hormondrüsen des Menschen in Bau und Funktion vorgestellt.

### Schildrüse

Die H-förmige Drüse unterhalb des Kehlkopf-Schildes vor der Luftröhre wiegt ca. 30 g und ist die größte Hormondrüse des Menschen. Eine Bindegewebskapsel umhüllt die Zellen, die ständig Iodid verbrauchen, um daraus die thyrosin-ähnlichen Schilddrüsen-Hormone Thyroxin (T4) bzw. Triiodthyronin (T3) aufzubauen. Alle Wirbeltiere brauchen deshalb ausreichend Iodid, das sie mit der Nahrung aufnehmen müssen. Der Tagesbedarf liegt bei ca. 150 µg.
An ein großes, wasserlöslichen Protein gebunden kann T3 und damit Iodid monatelang gespeichert werden. Bei Bedarf sondern die Schilddrüsenzellen T3 ins Blut ab. Erst am Zielort entsteht aus T3 das unpolare T4, das die Zellmembran durchdringen kann. Wie sonst nur Steroid-Hormone, koppelt T4 im Zielzellplasma an einen Rezeptor, passiert als Komplex die Kernmembran und bewirkt die de-novo-Synthese von Enzymen, die die Zellatmung ankurbeln und so den Ruhe-Stoffwechsel oder allgemein den **Energieumsatz** steigern. Über die Beeinflussung des Energieumsatzes üben die Schilddrüsenhormone eine wichtige Funktion bei der Wärmeregulation aus.

Wirkungsweise von **Steroid-Hormonen** → vgl. S. 113 f.

**Energieumsatz** bedeutet Energieproduktion und -verbrauch eines Organismus. Der Ruhestoffwechsel oder **Grundumsatz** bezeichnet den Energieumsatz bei körperlicher und geistiger Entspannung im nüchternen Zustand.

Die Abbildung 70 zeigt zunächst einen einfachen Regelkreis des Energieumsatzes und damit der Wärmeproduktion. Wenn die Körpertemperatur zu sinken droht (Abkühlung), wird die Wärmeproduktion erhöht, dies bewirkt eine Verminderung der Abkühlung (höhere Körpertemperatur), auf die eine Drosselung der Wärmeproduktion folgt usw. Es handelt sich wieder um eine negative Rückkopplung, weil die Wärmeproduktion negativ, also gegensinnig auf das ursprüngliche auslösende Signal (Abkühlung) zurückwirkt. Die beteiligten Hormone sind in Abbildung 71 berücksichtigt, die die Zusammenhänge zwischen Hormon-Freisetzungen und dem Energieumsatz in einem komplexeren Modell darstellt:

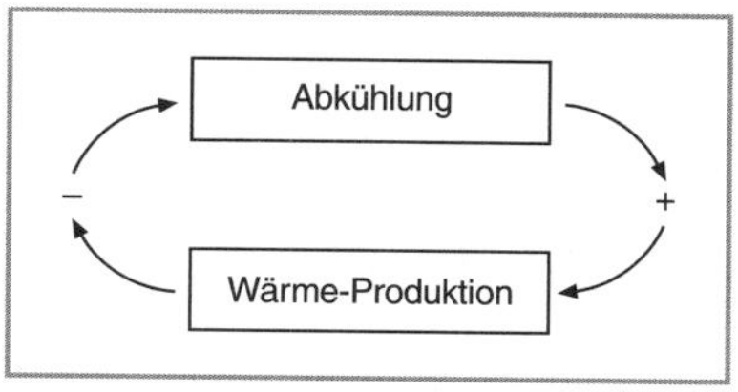


Abb. 70: Einfacher Regelkreis zur Regelung der Energieumsatzes.

In diese Abbildung ist auch das Zentralnervensystems einbezogen, das als oberste Instanz in die Regulierung des Energieumsatzes eingebunden ist. Nervöse Erregungen des Zentralnervensystem führen im Hypothalamus zur Produktion des TSH-freisetzenden Hormons (TSH-RH). TSH-RH wird von neurosekretorischen Hypothalamuszellen ins Blut ausgeschüttet und gelangt über das Hypophysen-Pfortadersystem in den Hypophysenvorderlappen. Der Hypophysenvorderlappen wird zur Freisetzung eines Protein-Hormons angeregt – das Thyreotropin (TSH). Das Thyreotropin wiederum stimuliert die Schilddrüse, Triiodthyronin (T3) bzw. Thyroxin (T4) freizusetzen. Thyroxin bewirkt die Steigerung des Energieumsatzes der Zellen, die Körpertemperatur steigt. Dieses Ergebnis wird über die Messfühler an die zuständigen Strukturen des Zentralnervensystem gemeldet und die T4-Freisetzung wird wieder vermindert (negative Rückkopplung).

**TSH-freisetzendes Hormon:** engl. *TSH-releasing hormone*, TSH-RH

**TSH:** Thyreotropes Hormon, Abkürzung nach dem engl. *thyroidea-stimulating-hormone*

Nur die ideale T4-Konzentration im Blut garantiert den idealen Energieumsatz. Ständig überwachen Messfühler in der Hypophyse die T4-Menge im Blut und der Soll- und Istwert der T4-Menge im Blut werden verglichen, sodass eine permanente Korrektur und Gegenkorrektur erfolgt. Dabei wird der Istwert dem Sollwert nicht angeglichen, sondern pendelt um diesen.

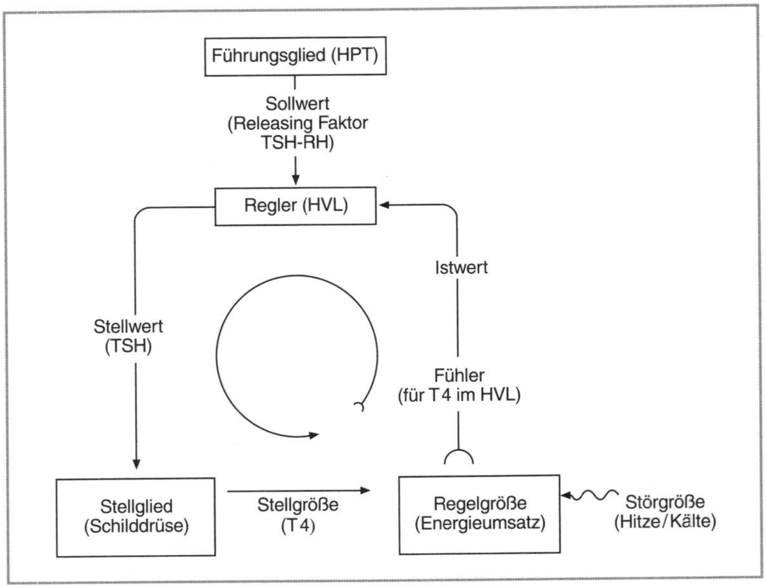


Abb. 71: Regelkreis mit negativer Rückkoppplung zur Regelung des Energieumsatzes.

**T4-Mangel bewirkt die Erhöhung** der TSH-Freisetzung aus dem Hypophysenvorderlappen (negatives feedback). Die Schilddrüse wird heftiger stimuliert und setzt T4 frei. Das T4 wirkt stimulierend auf den Zellstoffwechsel. Die Zellatmung nimmt zu.
**T4-Überschuss bewirkt die Hemmung** bzw. Verminderung der TSH-Freisetzung aus dem Hypophysenvorderlappen (negatives Feed-back). Die Stimulation der Schilddrüse bleibt aus. Der T4-Spiegel wird durch dauernden T4-Ab- bzw. Umbau der Leber wieder gesenkt.

Diese faszinierende Regelung einer normal funktionierenden Schilddrüse ist bei immerhin ca. 15 % aller Deutschen nicht gegeben. Sie leiden unter gestörter Schilddrüsenfunktion.
Eine **Überfunktion** der Schilddrüse beruht meist auf überaktiven Schilddrüsenzellen. Kennzeichen sind eine gesteigerte Stoffwechselrate, überhöhter Grundumsatz, überhöhter Puls, Übererregbarkeit, Nervosität, Hitzeempfindlichkeit, häufiges Schwitzen, nachlassende Leistungsfähigkeit und Gewichtsverlust bei gesteigertem Appetit. Die Schilddrüse ist zu einem so genannten „weichen" Kropf vergrößert. Das „Zerstrahlen" der überaktiven Zellen mit radioaktivem Iod kann helfen. Bei der genetisch bedingten Basedow-Krankheit kommt als weiteres Kennzeichen Exophthalmus („Glotzaugen") hinzu. Bei dieser

Die **Basedow-Krankheit** ist benannt nach dem Merseburger Arzt Karl Adolf von Basedow (1799–1854), der auch die Jodid-Therapie einführte.

Krankheit wird die Überfunktion durch eine Substanz ausgelöst, die, ähnlich wie das Hormon Thyreotropin, die Schilddrüse zur Hormonproduktion veranlasst.

**Unterfunktion** der Schilddrüse bedeutet stets einen gesenkten Energieumsatz und allgemeine Stoffwechselträgheit, die oft einen Iodid-Mangel zurückzuführen ist. Darüber hinaus kann man beispielsweise drei Krankheitsbilder unterscheiden:

- **Kretinismus:** Vorgeburtlicher oder frühkindlicher T4-Mangel führt zu stark verlangsamter geistiger und körperlicher Entwicklung. Die Betroffenen sind daher oft geistig zurückgeblieben und zwergwüchsig. Wegen dieser Bedeutung für die Entwicklung nennt man T4 auch ein „unterstützendes" Wachstumshormon. Es unterstützt das Somatotropin in dessen Wirkung.
- **Myxödem:** Erblich bedingte Defekte in den TSH-Rezeptoren oder in T4-aufbauenden Enzymen der Schilddrüse führen zu dieser häufigsten Form der Schilddrüsenunterfunktion. Teigig wirkende Haut, schwammig angeschwollenes Unterhautgewebe, niedrige Körpertemperatur, langsamer Herzschlag, flacher Puls, Wasser in den Beinen, Müdigkeit, Teilnahmslosigkeit und Konzentrationsschwäche sind Merkmale des Myxödems.
- **Endemischer Kropf:** In vielen Alpentälern fehlte den Bewohnern iodreiche Nahrung wie z. B. iodidhaltiges Salz. Sie bekamen so genannte „harte" Kröpfe. Der Iodid-Mangel begrenzte die T4-Synthese. Um diesen T4-Mangel auszugleichen, schüttet der Hypophysenvorderlappen „pflichtgetreu" Tyreotropin aus. Längere TSH-Wirkung stimuliert nun die Vermehrung von Schilddrüsenzellen. Die Schilddrüse wächst – ein Kropf entsteht. Auch Pflanzen z. B. Kohl oder Raps enthalten kropfbildende Stoffe. Obwohl die Rapsmast von Schweinen einen guten Fettansatz garantiert, ist deshalb die Rapsverfütterung in Deutschland streng limitiert.

**Myxödem:** griech. *myxa* Schleim, griech. *oidema* Geschwulst.

**Endemisch** bedeutet nur auf ein bestimmtes Gebiet beschränkt.

Um eine Über- oder Unterfunktion der Schilddrüse zu erkennen, gibt es mehrere **Diagnosemethoden**:

Die Messung des Grundumsatzes, die mikroskopische Untersuchung von Schilddrüsenzellen (Gewebeproben), die Erstellung eines Szintigramms der Schilddrüse. Eine Szintigrafie zeigt die Größe, Form und Aktivität der Schilddrüse. Schwach radioaktives Iod ($^{131}I$) wird als Marker in die Blutbahn gespritzt, in der Schilddrüse in T3 eingebaut und gespeichert. Es „funkt" seine Lage und belichtet Fotoplatten.

**Grundumsatz**
→ siehe S. 122

Die Bezeichnung **Szintigrafie** leitet sich ab von lat. *scintilla*, der Funke und lat. *gramma*, die Schrift.

Wird zu wenig Iodid eingelagert, deutet dies auf eine Schilddrüsen-Unterfunktion hin. Zuviel eingelagertes Iodid dagegen deutet auf eine Schilddrüsen-Überfunktion hin. Manchmal finden sich auch einzelne „überaktive" Schilddrüsenbereiche, so genannte „warme" Knoten. Gefährlicher sind „kalte" Knoten – wuchernde Schilddrüsenzellen, die keine Hormone bilden – sie deuten auf Schilddrüsenkrebs hin.

**Metamorphose** ist die Umwandlung einer Larve in ein erwachsenes Tier.

Thyroxin bewirkt bei allen Wirbeltieren die normale Entwicklung. Frosch- und Schwanzlurche, die ohne Iodid aufwachsen, können sich nicht entwickeln. Die Metamorphose von Amphibienlarven kann ebenso verhindert werden, indem man sie zwar ausreichend mit Iodid versorgt, ihnen jedoch die Schilddrüse oder die Hypophyse entfernt. Sie wachsen zu riesigen Larven heran und beweisen so die Bedeutung von Hypophyse, Schilddrüse und Thyroxin. Die Umwandlung von Aallarven, die Augenwanderung bei Schollen und Flundern, die Häutung von Reptilien oder die Mauser bei Vögeln sind entscheidende Entwicklungsabschnitte, die durch T4 ausgelöst werden. Gibt man einer sehr jungen Amphibienlarve T4 ins Futter oder ins Wasser, so stoppt ihr Wachstum und sie verwandelt sich vorzeitig in einen kleinen Lurch.

Eine biologische Kuriosität sind Axolotl – eine mexikanische Lurchart. Ihre Schilddrüsen bilden zu wenig T4, weshalb sie keine Metamorphose durchlaufen. Obwohl die Tiere noch Kiemen tragen, also Larven sind, werden sie geschlechtsreif. Gibt man diesen „Larven" aber T4, so wandeln sie sich in die äußerliche Erwachsenenform um.

Abb. 72: Axolotl – Eine neotene Larve.

Die Erscheinung, dass Tiere trotz äußerlicher Merkmale des jugendlichen Entwicklungsstadiums geschlechtsreif sind, bezeichnet man als **Neotenie**.

## Bauchspeicheldrüse

Die ca. 90 g schwere Bauchspeicheldrüse, das Pankreas hat zwei völlig unterschiedliche Aufgaben:
98 % der Pankreaszellen stehen im Dienste der Verdauung: Sie stellen den Bauchspeichel her, der in den Zwölffinger- bzw. Dünndarm abgegeben wird und wichtige Verdauungsenzyme enthält (sekretorischer Pankreas).
2 % der Pankreaszellen sind im wesentlichen für die Produktion von Hormonen zuständig, die den Blutzuckerspiegel regulieren. Zu Zellgruppen von ca. 0,2 mm Durchmesser zusammengeschlossen, liegen diese deutlich helleren Zellen wie Inseln im umgebenden, dunkleren sekretorischen Pankreas. Es gibt ca. 1,5 Millionen dieser so genannten „Langerhans'schen Inseln". Man unterscheidet drei Sorten dieser hellen Zellen: A-, B- und D-Zellen. Jeder Zelltyp bildet eines der „Inselhormone" Glukagon, Insulin und Somatostatin, wobei letzteres an Wachstumsvorgängen beteiligt ist (Tab. 18).

**Paul Langerhans** (1847–1888): Der deutsche Pathologe und Anatom entdeckte zwar die nach ihm benannten Zellgruppen, ohne aber deren Funktion zu erkennen.

| Produktionsort | Hormon | Wirkung |
|---|---|---|
| A-Zellen (alpha-Zellen) | Glukagon | hebt Blutzucker-Spiegel |
| B-Zellen (beta-Zellen) | Insulin | senkt Blutzucker-Spiegel |
| D-Zellen (delta-Zellen) | Somatostatin | Wachstumsstopp |

Tab. 18: Hormone der Bauchspeicheldrüse.

Die Bedeutung der Regulation körperlicher Prozesse wird am Beispiel des Blutzuckerspiegels besonders deutlich. Über die Nahrung gelangt Glucose in den Dünndarm und von dort ins Blut, das pro Liter bei einem Erwachsenen etwa ein Gramm Glucose enthält. Diese Menge würde, je nach dem Energiebedarf, nur für kurze Zeit (einige Minuten) reichen, dann müsste über die Nahrung Nachschub geliefert werden. Auch wenn der Mensch ca. dreimal täglich Nahrung aufnimmt und der Energiebedarf über den Tag verteilt sehr unterschiedlich ist, schwankt die Konzentration der Glucose im Blut nur gering. Die exakte Kontrolle des Blutzuckerspiegels ist lebenswichtig, weil die Nervenzellen ihren Energiebedarf ausschließlich durch Glucose decken und kaum Speicherkapazitäten aufweisen. Die Regulation wird von einem komplizierten System gewährleistet, in dem hormonelle und nervöse Prozesse eine Rolle spielen; als Hormone wirken hauptsächlich Insulin und Glukagon (Abb. 73).

**Glucose** ist Traubenzucker, ein Einfachzucker und wichtiger Energielieferant.
1 mol bzw. 180 g Glucose liefern eine Energiemenge von 2 836 kJ.

**Insulin** senkt den Blutzuckerspiegel auf mehrere Arten:

- Erhöhung der Glucose-Aufnahmerate von Fett- und Muskelzellen: Die Zellmembranen werden durchlässiger für Glucose.
- Anregung der Zellatmung, also des Abbaus von Glucose.
- Einlagerung von Glucose in Glykogen-Depots von Leber- und Muskelzellen. Insulin wirkt auch als „Speicheraufbau-Hormon".

**Glukagon** hebt den Blutzuckerspiegel auf zwei Arten:

- Abbaus von Glykogendepots in Leberzellen.
- Anregung der Neusynthese von Glucose, z. B. aus Glykogen, Eiweiß oder Fett.

Die Hormone Insulin und Glukagon ergänzen sich bei der Regulation des Blutzuckerspiegels. Steigt die Konzentration an Glucose, wird zunächst vermehrt Insulin ausgeschüttet und Glukagon gehemmt. Sinkt die Blutzuckerkonzentration durch die Insulinwirkung, wird die Insulinausschüttung eingestellt, die Hemmung des Glukagon ist aufgehoben und der Blutzuckerspiegel steigt.

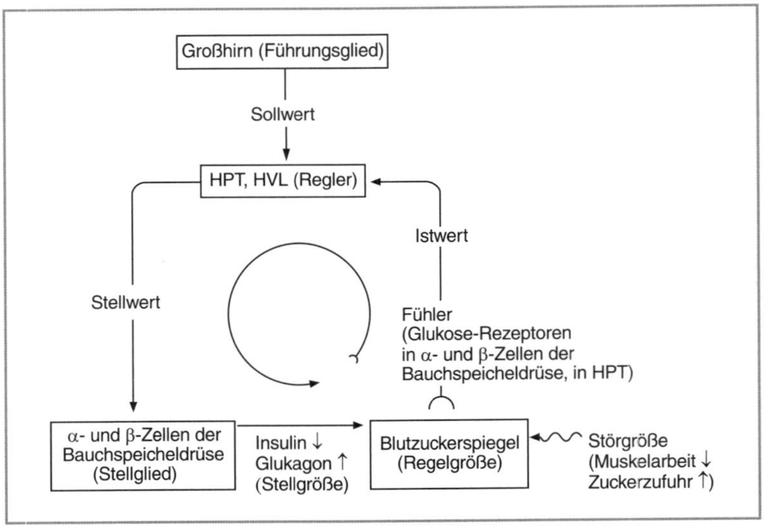


Abb. 73: Blutzuckerregulation beim Menschen (vereinfachtes Regelkreisschema).

Ein Mangel an Insulin oder defekte Insulinrezeptoren an der Zellmembran führen zur so genannten **Zuckerkrankheit oder Diabetes mellitus**. Der einfachste Test auf Zuckerkrankheit erfolgt mit Teststäbchen, die Glucose mittels Farbindikatoren im Harn nachweisen.

Übersteigt der Blutzuckerspiegel eine Konzentration von 170 mg Glucose/100 ml Blut, scheiden die Nieren Glucose aus. Die Niere arbeitet nach dem Überlauf- oder Schwellenprinzip. Der Glucose-Toleranz-Test startet mit der Aufnahme von Glucose. Rasch steigt der Blutzuckerspiegel auf z. B. 200 mg/100 ml an. Bei gesunden Testpersonen erreicht der Blutzuckerspiegel nach ca. 1–2 Stunden wieder das normale Niveau, bei Zuckerkranken bleibt der Blutzuckerspiegel erhöht. Ein weiterer Test zielt auf die Endprodukte der mit der Zuckerkrankheit verbundenen Störungen im Fettstoffwechsel. Aceton, andere Ketone und Ketosäuren reichern sich in Blut und Harn an. Deshalb riechen Atem und Harn nach Aceton. Der Körper übersäuert. Neutralisation und Ausscheidung der schädlichen Fettabbauprodukte führt zu Wasserverlust, Durst und teilweise dramatischem Mangel an Kalium- und Natriumionen. Ohne Behandlung können die Störungen des allgemeinen Zellstoffwechsels sowie der Nervenfunktion zum Koma (diabetisches Koma) und zum Tod führen.

Die beiden häufigsten Formen der Zuckerkrankheit sind Jugenddiabetes und Erwachsenen- oder Altersdiabetes:

**Jugenddiabetes:** Der Diabetes Typ 1 betrifft 10 % aller Diabetesfälle.

- Jugenddiabetes tritt häufig erblich bedingt oder nach einer Grippe-Infektion auf. Das stimulierte Immunsystem vernichtet die eigenen B-Zellen, die für die Insulin-Produktion zuständig sind. Es handelt sich um eine Autoimmun-Erkrankung. Auf den Insulinmangel folgt meist ein rascher Gewichts- und Leistungsverlust. Die Patienten müssen Insulin spritzen. Früher isolierte man das Insulin aus Schweinen. Heute gewinnt man das lebensnotwendige Humaninsulin praktisch ausschließlich auf gentechnischem Wege.

Bei einer **Autoimmunerkrankung** richtet sich das Immunsystem gegen körpereigene Proteine.

**Erwachsenen- oder Altersdiabetes:** 85 % aller Diabetesfälle sind von diesem Typ 2.

- Erwachsenendiabetes setzt häufig bei über 40-Jährigen ein und verläuft schleichend. Allmählich vermindert sich die Zahl der Insulinrezeptoren. Die B-Zellen können diesen Ausfall nur bis zu einem bestimmten Grad durch Erhöhung der Insulinproduktion kompensieren. Meist verläuft die Therapie in folgenden Stufen: Diät und Bewegungstherapie, Tabletten zur Stärkung der B-Zellen, Insulininjektion.

Diabetiker, die sich Insulin spritzen, tragen zumeist Traubenzucker-Plätzchen bei sich. Eine Überdosis Insulin kann nämlich durch einen hypoglykämischen Schock zum Tode führen, weil die vorhandene Glucose sehr schnell abgebaut und den Hirnzellen zu unerwartet und vollständig die Glucose als einzige Energiequelle entzogen werden würde – es käme zum „Abschalten der Nervenzellen“.

**Hypoglykämisch:** griech. *hypo* unter, *glykys* süß.

## Keimdrüsen

Hoden bzw. Eierstöcke bilden Spermien bzw. Eizellen sowie Sexualhormone (Geschlechts- oder Gonadenhormone). Sexualhormone steuern während der Entwicklung die Ausbildung der primären und sekundären Geschlechtsmerkmale, danach regen sie die Bildung von Geschlechtszellen an und sind für die Steuerung des Sexualverhaltens verantwortlich. Die Bildung und Freisetzung der Geschlechtshormone in den Keimdrüsen wird durch gonadotrope Hormone der Hypophyse gesteuert und vom Hypothalamus kontrolliert.

**Gonadotrope Hormone** sind auf die Keimdrüsen gerichtet.

Zu den wichtigsten weiblichen Geschlechtshormonen gehören die **Östrogene**, z. B. Östradiol, und **Gestagene** wie Progesteron. Östrogene werden im Eierstock gebildet, genauer in der Hülle der reifenden Eizellen, den Follikeln. **Gestagene**, z. B. Progesteron, werden im Gelbkörper und in der Plazenta gebildet, um eine Schwangerschaft vorzubereiten und zu erhalten. Zu den wichtigsten männlichen Geschlechtshormonen (Androgenen) gehört das **Testosteron**. Die männlichen und weiblichen Sexualhormone üben mehrere Wirkungen aus.

**Keimdrüsen**

**männliche Geschlechtshormone**

Testosteron

- Ausbildung und Erhalt der primären und sekundären männlichen Geschlechtsmerkmale
- Hemmung weiblicher Geschlechtsmerkmale
- Aktivierung der Spermatogenese in den Samenkanälchen (unterstützt durch FSH aus der Hypophyse)

**weibliche Geschlechtshormone**

Östrogene

- Ausbildung und Erhalt der primären und sekundären weiblichen Geschlechtsmerkmale
- Förderung der Eireifung
- Aufbau der Gebärmutterschleimhaut, Förderung des Befrchtungsvorgangs, Vorbereitung zur Einnistung des Keims

Gestagene

- Vorbereitung und Erhaltung der Schwangerschaft

Abb. 74: Wirkung der wichtigsten männlichen und weiblichen Sexualhormone.

**Spermatogenese** bedeutet Spermienbildung.

**Diploid** bedeutet, dass in den Zellen jedes Chromosom doppelt (ein mütterliches, ein väterliches) vorhanden ist. **Haploide** Zellen besitzen entsprechend nur einen einfachen Chromosomensatz.

**Homologe Chromosomen** sind die sich in Form, Gestalt und gleicher Genabfolge entsprechenden mütterlichen und väterlichen Chromosomen.

**Oogenese** ist die Reifung von Eizellen.

Die monatliche **Reifung der Eizellen** soll hier als Beispiel für einen Prozess hormoneller Regulation beschrieben werden, an dem zahlreiche Hormone beteiligt sind.

Bei der Geburt besitzt ein Mädchen in ihren Eierstöcken 2 x 300 000 Eivorläuferzellen, die Oogonien. Bei diploiden Organismen muss spätestens bei der Bildung der Geschlechtszellen der doppelte Chromosomensatz reduziert werden, damit die Anzahl der Chromosomen in einer Zelle nicht ins Unendliche wächst. In der **Meiose** erfolgt zunächst die Trennung homologer Chromosomen („1. Reifeteilung" oder „Reduktionsteilung"), in einem zweiten Schritt erfolgt eine normale Mitose, in der die Chromatiden eines Chromosoms auf zwei Tochterzellen verteilt werden („2. Reifeteilung" oder „Äquationsteilung"). Die Oogenese beginnt bei Mädchen bereits im 7. Fötalmonat. Die Oogonien starten ihre Reifeteilungen, die viele Jahre dauern. Jahrelang warten die Oogonien in einer „eingefrorenen" Meiose. Am Ende der Pubertät läuft in einem Oogonium die Meiose weiter: Es kommt zur ersten Reduktionsteilung, der Trennung der homologen Chromosomen. Drei Wochen später platzt erstmals ein reifer Follikel – der erste Eisprung ist erfolgt. Die erste nahezu fertige Eizelle verlässt den Eierstock und wird in den Trichter des Eileiters geschwemmt. Erst die Befruchtung löst die zweite Reifeteilung aus. Mit der ersten Eireifung ist die Fähigkeit zur sexuellen Fortpflanzung gegeben. Bei Nichtbefruchtung wird die Gebärmutterschleimhaut unter Blutungen abgestoßen, was als **Menstruation** oder Monatsblutung bezeichnet wird. Von nun an bis zu den Wechseljahren, mit ca. 45–55 Jahren, erfolgt die monatliche Reifung einer Eizelle. Eireifung und Menstruationszyklus sind hormonell gesteuert.

Der **Menstruationszyklus** dauert im Normalfall 21–35 Tage. Die Zählung beginnt am ersten Tag der Monatsblutung.Vom 1. bis zum 6. Zyklustag dauert die Menstruation. Vom 6. bis 13. Zyklustag läuft unter dem Einfluss des follikelstimulierenden Hormons (FSH) in den Eierstöcken (Ovarien) die Follikelreifung und Reifung der Eizelle in dem Follikel (Follikelphase) ab.

Unter dem Einfluss des FSH sezerniert der heranreifende Follikel ab dem 6. Zyklustag Östrogene. Diese Östrogene aus dem Follikel fördern ab dem 11. oder 12. Tag die Freisetzung von FSH und Luteinisierenden Hormonen (LH) aus dem Hypophysenvorderlappen. Östrogene und LH schaukeln ihre Konzentration in positiver Rückkopplung bis zu einem Maximum von ca. 200 μg Östrogen pro Tag (Abb. 76).

Östrogene bewirken das Anwachsen der Gebärmutterschleimhaut (Proliferation) und ihre Vorbereitung für die Einnistung eines Keimes. Die Eierstöcke steuern also das Geschehen in der Gebärmutter (Uterus). Ovar und Uterus durchlaufen monatlich ihre hormonell synchronisierten und zeitlich koordinierte Zyklen (Abb. 75). Follikelreifung und Proliferation laufen parallel.

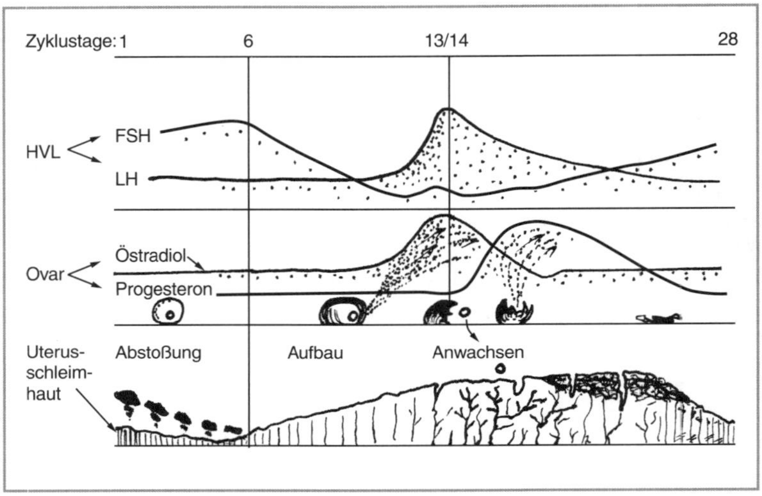


Abb. 75: Hormonelle und anatomische Veränderungen während des weiblichen Zyklus.

Ungefähr am 13. Tag, wenn die LH-Menge die FSH-Menge deutlich übersteigt, kommt es zum Eisprung (Ovulation); die reife Eizelle wird in den Eileiter geschwemmt. In ungefähr 3 Tagen nach dem Eisprung bewegt sich das Ei durch den Eileiter auf die Gebärmutter zu und kann in diesem Zeitraum befruchtet werden. Während dieser Zeit wird die Uterusschleimhaut stärker durchblutet, der Schleim vor dem Muttermund ist weniger zäh, das Atem- und Temperatur-Regelzentrum im Stammhirn wird stimuliert und die Körpertemperatur steigt um etwa 0,5 °C.

Die Zeit zwischen dem 14. und 28. Tag des Zyklus (Gelbkörperphase) ist durch die Entwicklung des Gelbkörpers und Veränderungen an der Gebärmutterschleimhaut gekennzeichnet. Sofort nach dem Eisprung sorgt LH für die Umwandlung des leeren Follikelrestes, aus dem das Ei geschwemmt wurde, in den Gelbkörper. Zellen im Follikelrest bilden neben Östrogenen nun auch erstmals Gelbkörperhormone – die Gestagene, von denen das Progesteron das wichtigste ist.

**Ovulationshemmer** verhindern das Platzen eines Follikels im Eierstock und somit die Ausstoßung einer Eizelle. Auf diesem Prinzip beruht die Wirkung der ersten Anti-Baby-Pille.

Gestagene und Östrogene bewirken, dass im Hypophysenvorderlappen die Freisetzung von LH und FSH zurückgeht, sodass die Reifung weiterer Follikel unterbleibt. Gestagene wirken in Kombination mit Östrogenen als Ovulationshemmer. Die negative Rückkopplung führt dazu, dass die Sekretion von Östrogenen und Progesteron allmählich zurückgeht.

Wird das Ei **nicht befruchtet,** stirbt es innerhalb von 24 Stunden ab. Der Gelbkörper produziert noch eine Weile Gestagene. Schließlich, ungefähr ab dem 21. Zyklustag, verkümmert der Gelbkörper und wird aufgelöst. Ohne Gelbkörper und damit ohne Gestagene geht die Körpertemperatur und die Hormonausschüttung des Hypophysenvorderlappen zurück. Der rasche Abfall des Progesteron- und Östrogenspiegels führt zur eingeschränkten Durchblutung der Uterusschleimhaut, bis schließlich die äußerste Schicht der Uterusschleimhaut abstirbt und abgestoßen wird. Sie wird bei der Menstruationsblutung über die Scheide abgegeben.

**Zygote:** Erste Zelle des neuen Lebewesens.

**Morula** und **Blastula** sind frühe Entwicklungsstadien des Keimes.

Wird das Ei **befruchtet**, so kommt es in der Regel zur Schwangerschaft: Besamung bedeutet das Eindringen eines Spermiums ins Ei. Die Eizelle wird hierdurch aktiviert, d. h. die Meiose läuft weiter. Wenn die haploiden Zellkerne der mütterlichen und väterlichen Keimzellen verschmelzen, spricht man von Befruchtung. Die daraus entstandene diploide **Zygote** startet sofort die erste Mitose. Während der Wanderung durch den Eileiter erfolgt neben Besamung und Befruchtung auch die Furchung, Morulabildung und Blastulabildung. Der junge Keim (Embryo) nistet sich in die vorbereitete Schleimhaut ein.

Die äußere Embryonalhülle, das Chorion, bildet das Schwangerschaftshormon HCG (human chorionic gonadotropin), das bei einem Schwangerschaftstest im Urin nachgewiesen werden kann. Das HCG erhält den Gelbkörper und unterbricht so den weiblichen Zyklus. Der Gelbkörper schüttet bis zum 5. Monat der Schwangerschaft Östradiol und Progesteron aus, danach wird er abgebaut und die Plazenta, der Mutterkuchen, übernimmt die Produktion dieser beiden Hormone. Sie verhindern die Reifung neuer Follikel bzw. Eizellen und erhalten die Gebärmutterschleimhaut, sodass die Schwangerschaft bestehen bleibt.

Unter dem weiblichen Zyklus oder **Menstruationszyklus** wird die monatlich wiederkehrende, hormonell gesteuerte Reifung einer Eizelle verstanden. Nichtbefruchtung führt zu einer Abstoßung der in dieser Zeit aufgebauten Gebärmutterschleimhaut.

Die **Regelung der Hormonsekretion während des Menstruationszyklus** unterliegt einer komplexen Steuerung, an der wieder das Zentralnervensystem beteiligt ist. Es handelt sich um einen Regelkreis, in dem eine positive Rückkopplung auftritt.

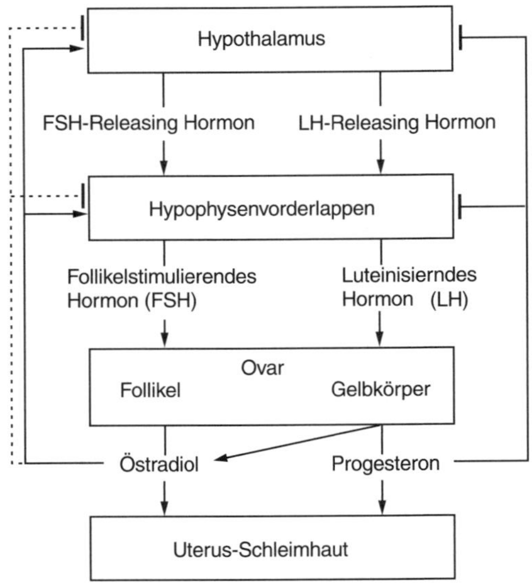


Abb. 76: Regelung der weiblichen Sexualhormone im Menstruationszyklus.
Die gestrichelten Linien beziehen sich auf die Östradiol-Wirkung in der zweiten Menstruationsphase; Pfeilspitzen weisen auf förderliche Einflüsse hin, Querbalken auf hemmende.

## Nebennieren

Jeder hat schon einmal die Erfahrung gemacht, dass eine Prüfung oder auch ein freudiges Ereignis das Herz klopfen, den Puls rasen und die Aufmerksamkeit steigen lässt. Es handelt sich um typische **Stressreaktionen** des Körpers, die durch äußere (extreme Kälte oder Hitze) oder innere Faktoren (Ärger, Angst, Schmerzen) ausgelöst werden können. Der Begriff „Stress“ wird in der Wissenschaft nicht einheitlich verwendet, was auch dadurch zu erklären ist, dass verschiedene Disziplinen (Psychologie, Soziologie, Biologie) an der Stressforschung beteiligt sind; im biologischen Zusammenhang kann Stress als gesteigerte physiologische Reaktionsbereitschaft des Organismus aufgefasst werden.

**Nebennieren**
→ vgl. S. 117 (Abb. 66)

Stressreaktionen werden durch Hormone der **Nebennieren** bewirkt. Die beiden Hormondrüsen sind etwa fingergroß, bestehen aus dem Nebennierenmark und der Nebennierenrinde und sitzen kappenartig auf den oberen Enden der beiden Nieren. Zwischen den Nieren und Nebennieren wurde bislang keine funktionelle Beziehung gefunden. Aus der **Nebennierenrinde** sind mittlerweile mehr als 40 verschiedene Hormone isoliert worden, die alle zu den Steroidhormonen gehören. Zu den wichtigsten Hormonen der Nebennierenrinde zählen u. a. **Cortison** und **Cortisol**, die als Glucocorticosteroide sowohl den Kohlenhydrat-, als auch den Proteinstoffwechsel beeinflussen sowie das **Aldosteron**. Dieses reguliert im Wesentlichen die Rückresorption von Natriumionen und damit den Wasserhaushalt (Mineralocorticosteroid). Im **Nebennierenmark** werden die Hormone **Adrenalin** und **Noradrenalin** produziert.

**Sympathikus**
→ siehe S. 104 f.

Ein stressauslösender Faktor bewirkt über den Hypothalamus die Aktivierung des sympathischen Teils des vegetativen Nervensystems (siehe Abb. 77). Der Sympathikus löst im Nebennierenmark durch nervöse Stimulation die Ausschüttung von Adrenalin und Noradrenalin aus, die durch den Abbau von Glykogen, Fetten und Eiweißen die Energiereserven des Körpers mobilisieren sowie die Herzschlagfrequenz und Sauerstoffversorgung des Blutes erhöhen; gleichzeitig beeinflusst der Sympathikus Herz und Blutgefäße direkt. Nerven- und Hormonsystem arbeiten hier also besonders eng zusammen. Die Wirkungen von Adrenalin und Noradrenalin werden auch als „Notfallfunktionen“ bezeichnet, weil sie den Körper in Sekundenschnelle zu Höchstleistungen befähigen („Fight or Flight-Syndrom“, FFS).

Diese lebenserhaltende Anpassung ist der ursprüngliche biologische Sinn von Stressreaktionen. Unsere Vorfahren erlebten sehr viele verschiedene **Bedrohungssituationen**, in denen sie blitzschnell handeln mussten. Längeres Überlegen wäre in all diesen Kampf-oder-Flucht-Situationen gefährlich gewesen.

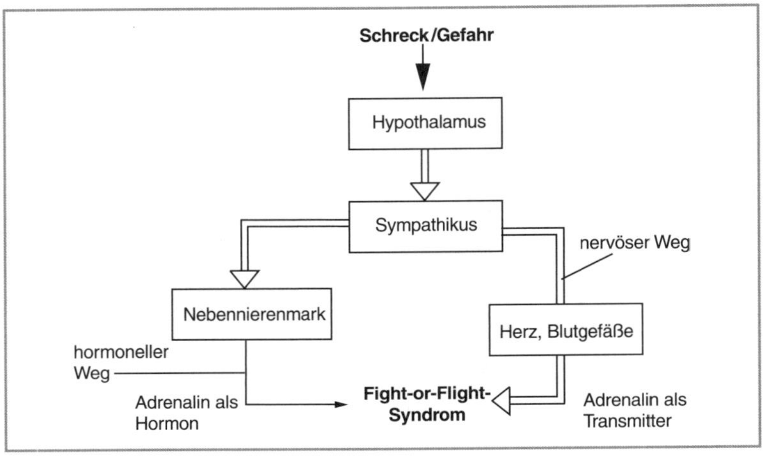


Abb. 77: Regelkreis der Fight-or-Flight-Reaktion.

Nach ca. 5-minütigem erhöhten Adrenalinspiegel geht das „Fight-or-Flight-Syndrom" in das **Allgemeine Anpassungs-Syndrom** (AAS) über. Hypothalamus und Hypophyse schütten Hormone aus, die die Nebennierenrinde zur vermehrten Bildung von Cortisol anregen (siehe Abb. 78): Die vom Hypothalamus aktivierten Zellen setzen Corticotropin-Releasing-Hormon (CRH) frei, das im Hypophysenvorderlappen die Ausschüttung des Adrenocorticotropen-Hormons (ACTH) bewirkt. ACTH stimuliert nun die Nebennierenrinde zur Produktion und Ausschüttung von Glucocorticoiden – Cortisol und Cortison beim Menschen. Sie fördern die Erhöhung der Herzfrequenz und unterstützen damit das Adrenalin in seiner Wirkung. Weiterhin stärken sie die Widerstandskraft des Körpers, indem sie über den Abbau von Proteinen und Fetten die Neusynthese von Glucose ermöglichen, aber auch die Energiespeicher durch Glykogenaufbau wieder auffüllen. Eine Hemmung der Proteinbiosynthese führt u. a. zu einer verlangsamten Immunreaktion, weil die Antikörper-Bildung verzögert wird. Auf dieser Wirkung beruht auch die entzündungshemmende Wirkung von Cortison-haltigen Medikamenten. Eine bestimmte Konzentration an Glucocorticoiden wirkt hemmend auf die Hypophyse zurück (negative Rückkopplung).

Dauerstress **(Distress)** stellt für den Organismus eine hohe **Belastung** mit vielfältigen Auswirkungen dar. Bei Tieren und Menschen, die häufig unter Stress leiden, sind die Nebennierenrinden stark vergrößert und der Corticoidspiegel ist deutlich überhöht. Zu den langfristigen Auswirkungen kann auch die Entstehung von Magengeschwüren gehören, weil die Glucocorticoide die Magensäuresekretion erhöhen. Der Abbau der Fettdepots erhöht den Blutfettspiegel, der zu Cholesterin- und Kalkablagerungen in den Blutgefäßen führt (Arteriosklerose) und Herzinfarkte begünstigt. Die Schwächung des Immunsystems begünstigt Infektionskrankheiten und gilt als Risikofaktor für eine Krebserkrankung.

**Sklerose** bedeutet Verhärtung oder Verkalkung eines Organs durch Kalkeinlagerung.

Tiere, die wie beispielsweise Robben in Kolonien dicht zusammenleben, leiden häufig unter sozialem Dichtestress. Über verminderte Fruchtbarkeit oder Impotenz reguliert Stress die Populationsdichte.

Das **ACTH**-Hormon wird auch als Nebenrindenstimulierendes Hromon bezeichnet.

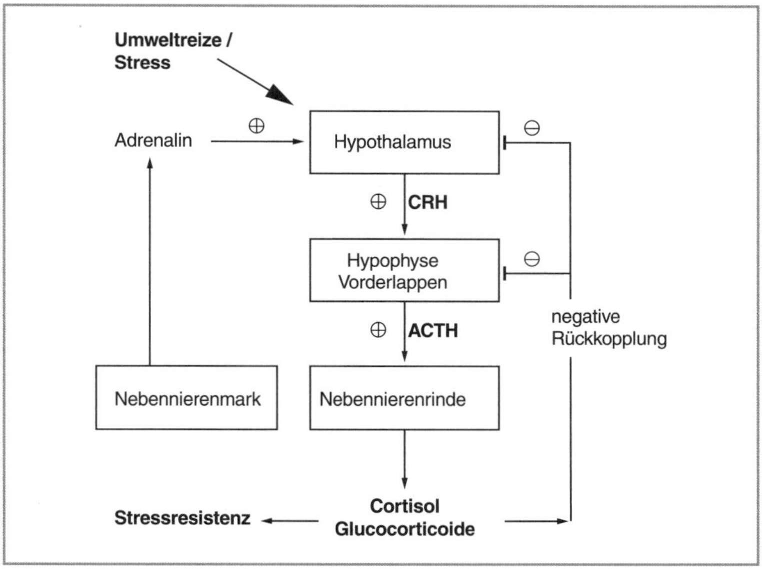


Abb. 78: Hormonausschüttung bei länger andauernden Stresssituationen: CRH ist die Abkürzung für Corticotropin-Releasing-Hormon und ACTH für das Adrenocortitrope Hormon.

Neuerdings werden den negativen Auswirkungen aber auch positive Wirkungen gegenübergestellt. Tritt Stress gelegentlich auf und hat der Organismus ausreichende Erholungsphasen, kann er die allgemeine Widerstandskraft des Körpers erhöhen. Diese **positive** Art von Stress wird **Eustress** genannt.

## Zusammenfassung

**Hormone** sind vom Organismus in endokrinen Drüsen oder Drüsenzellen synthetisierte **chemische Überträgerstoffe**, die im Blutstrom zu den Zielzellen transportiert werden oder im Gewebe von Zelle zu Zelle diffundieren (Gewebshormone). Sie lösen in nur geringen Konzentrationen bestimmte Wirkungen aus. Ihr molekularer Aufbau und ihre Wirkungsweisen wurden durch die Entfernung oder Ausfälle von Hormondrüsen, durch die Verabreichung von Hormonextrakten und mithilfe moderner Analytik erforscht. Während das Hormonsystem weniger eilige, aber andauernd benötigte Nachrichten transportiert, ist das Nervensystem für die Übermittlung schneller, kurzlebiger Signale zuständig. Beide Informationssysteme ergänzen sich und arbeiten eng zusammen. Großhirn, Hypothalamus und Hypophyse sind **Regelzentren**, die den verschiedenen Hormondrüsen hierarchisch übergeordnet sind.

Wichtige Hormondrüsen wie Schilddrüse, Bauchspeicheldrüse und Keimdrüsen sind Elemente von komplizierten, schwingenden **Regelkreisen mit Rückkopplungen**:

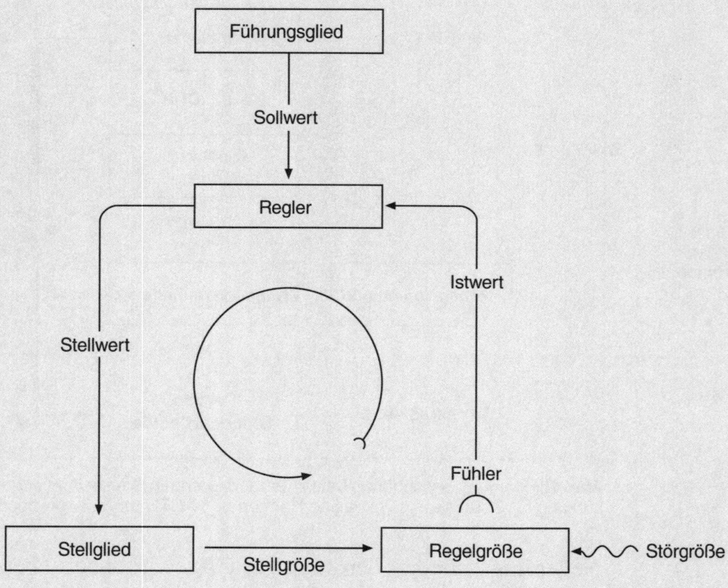


Weil Hormone an der Kontrolle und Koordination von Stoffwechsel und Entwicklung wesentlich beteiligt sind, führen Störungen bei der Hormonfreisetzung zu einer Vielzahl zum Teil schwerer Krankheiten.

# Bewegungen und Hormone bei Pflanzen

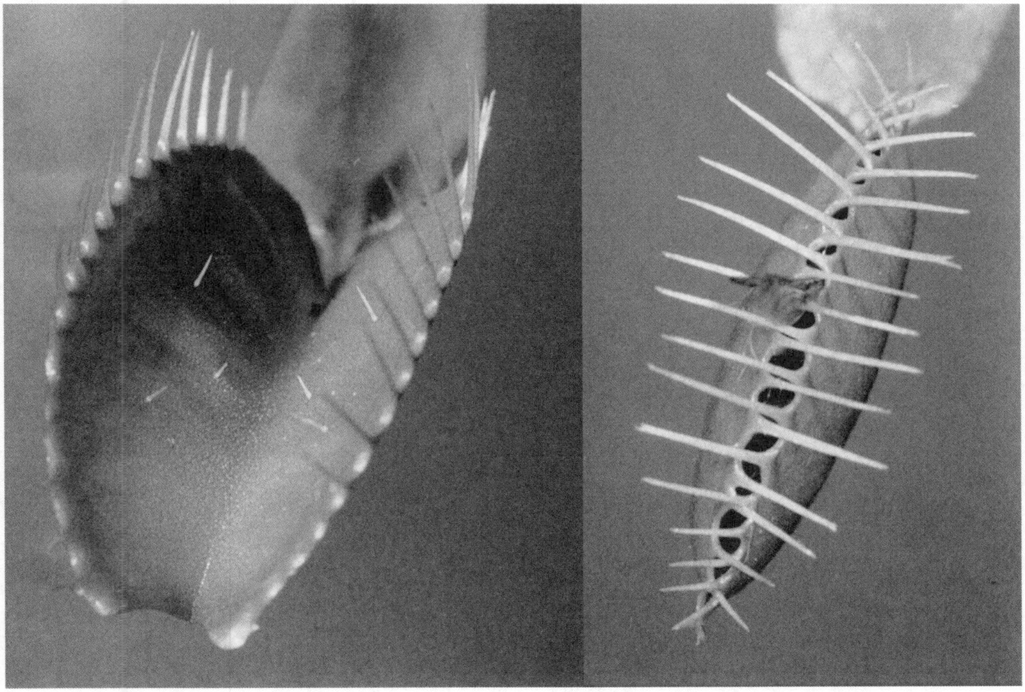

Fotografien vom Blatt einer Venusfliegenfalle: Die offene fangbereite (links) und die zugeklappte Position (rechts).

Reizbarkeit und Bewegung sind Merkmale aller Lebewesen. Wie alle Lebewesen nehmen auch Pflanzen Informationen, d. h. Reize auf, leiten sie im Körper weiter, verarbeiten sie und beantworten sie im Sinne von Selbst- und Arterhalt. Normalerweise erschließen erst Zeitrafferaufnahmen diese fremde, verborgene Welt der Pflanzen. Nur wenige Pflanzen verblüffen dadurch, dass man ihre Reizbarkeit und Bewegungsfähigkeit direkt beobachten kann: Die Venusfliegenfalle, deren tödliche Klappfallen sich blitzschnell schließen, wenn ein Insekt den Fehler begeht, die feinen Borsten im Inneren der Fallen zu berühren.

# 1 Bewegungen bei Pflanzen

Die Bewegung der Organismen ist eine Grunderscheinung des Lebendigen. Üblicherweise wird darunter die aktive Ort- und Lageveränderung des Organismus verstanden. Bei Pflanzen verhindert jedoch der großflächige Kontakt mit dem Boden diese.
Lageveränderungen von Organellen oder Organen sind auch bei Pflanzen möglich. Diese Pflanzenbewegungen sind nach Reizen ausgerichtet oder werden durch Reize ausgelöst, da viele Pflanzen optische, chemische, mechanische oder taktile Reize wahrnehmen können.
Daneben gibt es noch die passive Fortbewegung, die man bei sehr vielen Pflanzenembryonen bzw. -samen findet. Tiere, Wind oder Wasser transportieren diese mehr oder weniger zufällig von Ort zu Ort.

Unter **taktilen** Reizen versteht man Berührungsreize.

## 1.1 Taxien – gerichtete und aktive Fortbewegungen

Taxien sind freie Ortsbewegungen, die meistens durch Außeneinflüsse veranlasst werden. So schwimmt beispielsweise der Einzeller *Euglena gracilis*, das Augentierchen, aus der Dunkelheit auf eine Lichtquelle zu: man spricht von **positiver** Foto-Taxis – **hin** zum Reiz. Erst wenn die Lichtintensität extrem hoch ist, meiden die Augentierchen dieses Starklicht: man spricht von **negativer** Foto-Taxis – **weg** vom Reiz. Auch das tägliche, periodische Auf- und Abwandern des Phytoplanktons, im Wasser schwebende Kleinstlebewesen, basiert auf Fototaxien.
Taxien zeigen auch Koloniewesen wie z. B. *Volvox*, einige Sporenzellen von Algen und die Spermien von Moosen bzw. Farnen. Moosspermien werden beispielsweise durch organische Moleküle wie Äpfelsäure zur Eizelle gelockt: man spricht dabei von einer positiven Chemo-Taxis.

***Euglena gracilis***, das „Augentierchen" ist ein geißeltragender Einzeller, der die Fotosynthese beherrscht.

***Volvox***, die „Kugelalge" ist ein lebendes Modell, für die Lebewesen, die erstmals eine gewisse Lebenszeit überschreiten und dann sterben, also Leichen bildeten.

Eine **Taxis** ist eine nach Reizen ausgerichtete **Fort**-Bewegung.

## 1.2 Tropismen – Wachstums-Bewegungen

Im Gegensatz zu den bei festsitzenden Pflanzen sehr seltenen Bewegungen mit Ort- und Lageveränderungen sind durch Außenreize ausgelöste Wachstumsbewegungen von Organen sehr häufig. Besonders wichtig sind positiver und negativer Foto- und Geo-Tropismus.

| **Foto-Tropismus** | | |
|---|---|---|
| positiv | zum Licht hin | Stengel, Blätter |
| negativ | weg vom Licht | Wurzeln |
| **Geo-Tropismus** | | |
| positiv | zur Erde hin | Wurzeln |
| negativ | von der Erde weg | Keime, Halme, Sprosse, Stämme |

Tab. 19: Beispiele für Wachstumsbewegungen von Pflanzenorganen.

Andere Wachstumsbewegung findet man bei Wurzeln, die auf bestimmte Stoffe zu oder von anderen Stoffen weg wachsen. Man spricht hier von **Chemo-Tropismus**. Oder bei den Ranken vieler Kletterpflanzen wie Bohnen oder Zaunrüben, die **Thigmo-Tropismus** zeigen. Deren Ranken wachsen solange suchend umher, bis sie einen Halt finden.

Ein **Tropismus** ist eine nach Reizen ausgerichtete **Wachstums**-Bewegung einzelner Organe.

## 1.3 Nastien – Ungerichtete Bewegungen

**Turgor** nennt man in der Botanik den Innendruck der prall gefüllten Zelle auf die Zellwand.

Einige wenige Pflanzen, z. B. Krokus oder Tulpe, zeigen so genannte Schlafbewegungen oder Nykti-Nastien. Die Innen- und Außenseiten ihrer Blütenblätter wachsen bei verschiedenen Lichtstärken unterschiedlich rasch: Nachts werden die Blüten so verschlossen, tagsüber geöffnet. Die meisten Nastien beruhen aber nicht auf Wachstum sondern auf Turgordruck.
Wie die Luft in einem Ballon so hält der Turgor ganze Pflanzen und ihre Organe aufrecht und straff. Löst ein Reiz eine Nastie aus, so bricht der Innendruck zusammen und das betreffende Pflanzenorgan bewegt sich **rasch**. Zumeist besitzen die Pflanzenorgane scharnierähnliche Gelenke. Deshalb erlauben Nastien nur Bewegungen in der durch den Organbau vorgeschriebenen Richtung. Nastien sind also unabhängig von der Reizrichtung. Manchmal kehrt das Organ nach der Bewegung allmählich in seine Ausgangsposition zurück.

Eine **Nastie** ist eine Bewegung einzelner Organe, deren Richtung anatomisch vorgegeben ist. Eine Nastie wird zwar durch einen Reiz ausgelöst, ist aber **nicht** nach dem Reiz ausgerichtet.

Nastien gehören zu den beeindruckendsten Bewegungen im Pflanzenreich:

- Thigmo-Nastie demonstriert das heimische **Springkraut**: Berührt man die Früchte so explodieren sie förmlich und schleudern turgordruckgetrieben die Samen von sich.
- Seismo-Nastie zeigt der heimische **Sauerklee**: Erschütterungen von fallenden Regentropfen bewirken das Absenken der Blätter.
- Seismo- oder thigmonastische Bewegungen, die durch Insekten ausgelöst werden, schließen die Klappfallen der **Venusfliegenfalle** (siehe Kapitelanfangsbild).
- Besonders eindrucksvoll sind die Seismo-, Chemo-, oder Thermo-Nastien der Fieder und Fiederchen der **Mimose**. In ihren Blättern werden die Signale des Reizes mit ca. 5–10 cm/s transportiert. Erst nach ca. 15 Minuten sind die Gelenke einer gereizten Mimose wieder mit Zellsaft „aufgepumpt“ und die Blätter voll aufgerichtet.

## 2 Die Pflanzenhormone

Auch Pflanzen besitzen Stoffe, die die Kurzdefinition für Hormone erfüllen – so genannte Pflanzenhormone: Pflanzenhormone stammen aus Drüsen, werden im Strom der Körperflüssigkeiten zu Zielzellen transportiert und lösen in geringen Mengen spezifische Wirkungen aus. Diese Wirkung ist meistens eine Regelung von Wachstumsvorgängen z. B. allgemeine Größenzunahme oder auch die Bildung von Wurzeln und Blüten.

**Phytohormone** sind Pflanzenhormone.

**Phytohormone** sind organische Substanzen, die als Wachstumsfaktoren das Wachstum von Pflanzen regulieren. Da Phytohormone, wie Hormone, schon bei geringsten Konzentrationen wirken und über das Leitungssystem der Pflanze transportiert werden, bezeichnet man sie auch als Pflanzenhormone.

**Koleoptile** oder Keimscheide nennt man die anfangs geschlossene bleiche Hülle, die das Primärblatt zu Beginn der Keimung umschließt. Sie wächst einige Zentimeter und wird schließlich vom Primärblatt durchbrochen.

**Agar** ist ein poröses Gel aus Vielfachzuckern von Rotalgen.

Zur Untersuchung von Pflanzenhormonen eignen sich Haferkeimlinge. Wie alle Gräser besitzen Haferkeimlinge eine Koleoptile. Schneidet man die Spitze einer Haferkoleoptile ab, so hört der Koleoptilenstumpf auf zu wachsen (Abb. 79).

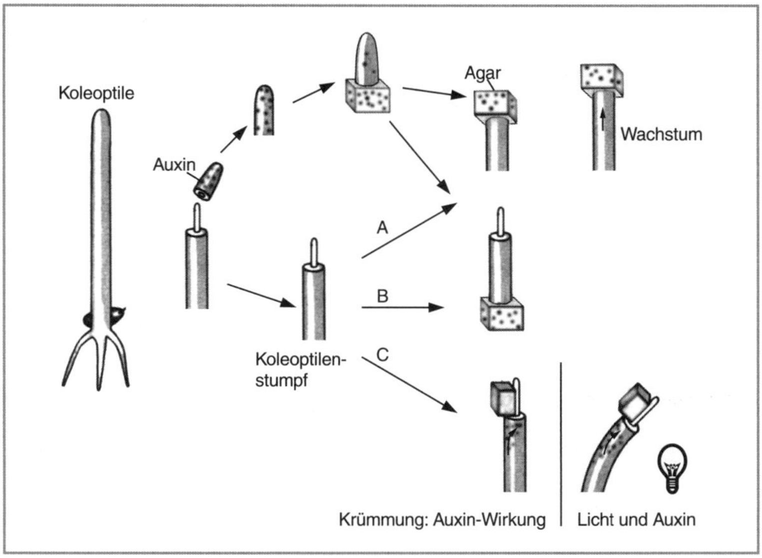


Abb. 79: Auxin-Wirkung an Hafer-Koleoptilen.

Setzt man die abgeschnittene Spitze zurück auf den Stumpf, wächst dieser weiter (Abb. 79 A). Setzt man die abgeschnittene Spitze auf ein Agarblöckchen, so steckt bald auch in diesem der „Wachstumsfaktor". Setzt man die Koleoptilenspitze oder das „beladene" Agarblöckchen unten an einen Koleoptilenstumpf, so wächst dieser nicht. Offensichtlich breitet sich die Wirkung des Stoffes nur von oben nach unten aus (Abb. 79 B).

**Auxin:** griech. *auxanein* wachsen lassen

**Meristeme** sind undifferenzierte Gewebe aus teilungsfähigen Zellen.

Das in der Spitze der Haferkoleoptile nachgewiesene Pflanzenhormon ist ein Auxin, die β-Indolyl-Essigsäure (IES).

**Auxine** werden in der Spross-Spitze und in jungen Blättern gebildet. Sie fördern die Zellteilung z. B. in Spross-Meristemen und regen das Streckungswachstum an, indem sie die Dehnbarkeit der Zellwände erhöhen. Auxine fördern somit das Wachstum des Hauptsprosses. Gleichzeitig unterdrücken Auxine die Bildung von Seitensprossen und fördern die Wurzelbildung. Auxine spielen eine wichtige Rolle beim **positiven Foto-Tropismus** vieler Pflanzen. In einer Pflanze, die einseitig belichtet wird, wird der Auxinfluss auf der belichteten Seite gehemmt. Nur in der „dunklen" Hälfte des Sprosses strömt das Auxin nach unten. So kommt es zu ungleichmäßigem Wachstum. Der Spross neigt sich zum Licht. Mit auxingetränkten Agarblöcken kann man die Lichtwirkung leicht imitieren. Man entfernt die Sprossspitze und ersetzt sie durch ein halbseitig angebrachtes Agarblöckchen (Abb. 79 C). Der Biegungswinkel hängt von der zugeführten Auxinmenge ab. So kann man Auxinkonzentrationen im „Krümmungstest" bestimmen.

| Pflanzenhormone | Wirkung |
|---|---|
| **Gibberelline** | • fördern Zellteilung und Wachstum<br>• lösen die Blütenbildung aus |
| **Cytokinine** | • fördern die Zellteilung<br>• fördern das Austreiben von Knospen und verzögern das Altern bei Blättern |
| **Abscisinsäure** | • hemmt Wachstum und Stoffwechsel<br>• bewirkt die Winterruhe, die Keimruhe sowie den Frucht- und Blattfall |

Tab. 20: Die Wirkung einiger wichtiger Pflanzenhormone.

Pflanzenhormone wirken je nach Konzentration und Organ sehr unterschiedlich. Es gibt vielfältige Wechselwirkungen zwischen den verschiedenen Phytohormonen. Einige Phytohormone wirken zusammen, andere Kombinationen bzw. Konzentrationen wirken antagonistisch. Die genauen Wirkungsmechanismen werden derzeit erforscht.

## Zusammenfassung

Bewegungen bei Pflanzen laufen nur selten rasch ab:

- **Taxien:**
  Taxien sind nach Reizen ausgerichtete Fort-Bewegungen.

Schwimmrichtung zum Licht!

- **Nastien:**
  Nastien sind Bewegungen einzelner Organe, deren Richtung anatomisch vorgegeben ist. Alle Nastien werden durch Reize ausgelöst, sind aber nicht nach Reizen ausgerichtet.

Klappe schließt sich!

- **Tropismen:**
  Tropismen sind nach Reizen ausgerichtete Wachstums-Bewegungen einzelner Organe.

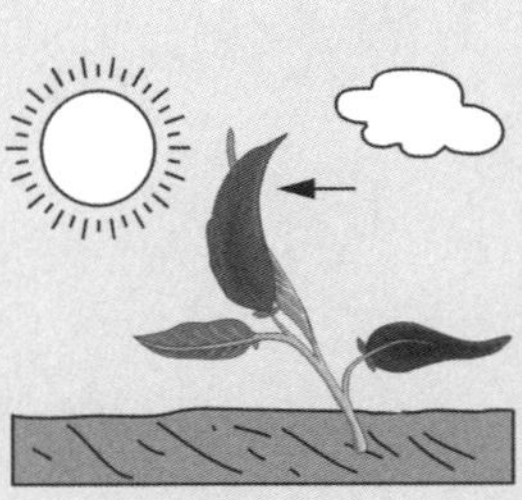

Wachstum zum Licht!

Diese langsamen Bewegungen stehen sehr häufig in Verbindung mit Wachstumsvorgängen. Das Wachstum von Pflanzen wird durch ein kompliziertes Zusammenspiel verschiedener **Phytohormone** reguliert (z. B. enthalten Haferkoleoptilen Auxin).

# Stichwortverzeichnis

# Abbildungsnachweis

Braitenberg, V. und Schüz, A.: Gehirn und Kognition. In: Spektrum der Wissenschaft, Heft 5/1989, S. 83: Abb. 41 B
© Bryant, Sue: http://darwin.bio.uci.edu/~mrjc/axolotl.html: Abb. 72
Fig. 44.17b, p. 1015 from BIOLOGY, 4th. Ed. by Neil A. Campbell. Copyright © 1996 by The Benjamin/Cummings Publishing Company, Inc. Reprinted by permission of Pearson Education, Inc.: Abb. 50
Rahmann, H. und M.: Das Gedächtnis. Neurobiologische Grundlagen, Bergmann, München 1988, S. 105: Abb. 47
Rohen JW. Funktionelle Neuroanatomie. 6. Aufl. Stuttgart, New York: Schattauer 2001: 8: Abb. 48 A
Sigmund Freud copyrights: Kapitelbild 2
© ullstein bild – Granger Collection: Kapitelbild 2,
© ullstein bild – Peter Arnold Inc.: Kapitelbild 3
© Wilkins, M.: Plantwatching. Macmillan London Ltd. 1988: Kapitelbild 5

Folgende Abbildungen wurden von Peter Kornherr, Dorfen, angefertigt:
Umschlagsbild und Kapitelbild 4
Abb. 1, 3, 4, 5, 6, 7, 8, 9, 11, 12, 14, 16, 17 A, 19, 21, 37, 46, 49, 51, 52, 53 und alle Abbildungen für Tab. 1 und 3

Der Verlag hat sich bemüht, die Urheber der in diesem Werk abgedruckten Abbildungen ausfindig zu machen. Wo dies nicht gelungen ist, bitten wir diese sich gegebenenfalls an den Verlag zu wenden.

*(Bitte blättern Sie um)*

# Sicher durch das Abitur!

Effektive Abitur-Vorbereitung für Schülerinnen und Schüler:
Klare Fakten, systematische Methoden, prägnante Beispiele sowie Übungsaufgaben auf Abiturniveau mit erklärenden Lösungen zur Selbstkontrolle.

## Physik

| | |
|---|---|
| Elektromagnetisches Feld und Relativitätstheorie | Best.-Nr. 943028 |
| Mechanik | Best.-Nr. 94307 |
| Abitur-Wissen Elektrodynamik | Best.-Nr. 94331 |
| Kompakt-Wissen Abitur Physik 1 – Mechanik, Thermodynamik, Relativitätstheorie | Best.-Nr. 943012 |
| Kompakt-Wissen Abitur Physik 2 – Elektrizitätslehre, Magnetismus, Elektrodynamik, Wellenoptik | Best.-Nr. 943013 |
| Kompakt-Wissen Abitur Physik 3 Atom-, Kern- und Teilchenphysik | Best.-Nr. 943011 |

## Erdkunde/Geographie

| | |
|---|---|
| Erdkunde – Atmosphäre · Relief- und Hydrosphäre · Wirtschaftsprozesse und -strukturen · Verstädterung | Best.-Nr. 94909 |
| Geographie 1 – Bayern | Best.-Nr. 94911 |
| Geographie 2 – Bayern | Best.-Nr. 94912 |
| Geographie – Baden-Württemberg | Best.-Nr. 84904 |
| Erdkunde – NRW | Best.-Nr. 54902 |
| Abitur-Wissen Entwicklungsländer | Best.-Nr. 94902 |
| Abitur-Wissen Die USA | Best.-Nr. 94903 |
| Abitur-Wissen Europa | Best.-Nr. 94905 |
| Abitur-Wissen Der asiatisch-pazifische Raum | Best.-Nr. 94906 |
| Abitur-Wissen GUS-Staaten/Russland | Best.-Nr. 94908 |
| Kompakt-Wissen Abitur Erdkunde Allgemeine Geografie · Regionale Geografie | Best.-Nr. 949010 |
| Kompakt-Wissen Abitur – Bayern Geographie Q11/Q12 | Best.-Nr. 9490108 |
| Lexikon Erdkunde | Best.-Nr. 94904 |

## Englisch

| | |
|---|---|
| Übersetzung | Best.-Nr. 82454 |
| Grammatikübungen | Best.-Nr. 82452 |
| Themenwortschatz | Best.-Nr. 82451 |
| Grundlagen, Arbeitstechniken und Methoden mit Audio-CD | Best.-Nr. 944601 |
| Sprachmittlung Deutsch – Englisch Englisch – Deutsch | Best.-Nr. 94469 |
| Sprechfertigkeit mit Audio-CD | Best.-Nr. 94467 |
| Klausuren Englisch Oberstufe | Best.-Nr. 905113 |
| Abitur-Wissen Landeskunde Großbritannien | Best.-Nr. 94461 |
| Abitur-Wissen Landeskunde USA | Best.-Nr. 94463 |
| Abitur-Wissen Englische Literaturgeschichte | Best.-Nr. 94465 |
| Kompakt-Wissen Abitur Themenwortschatz | Best.-Nr. 90462 |
| Kompakt-Wissen Abitur Landeskunde/Literatur | Best.-Nr. 90463 |
| Kompakt-Wissen Kurzgrammatik | Best.-Nr. 90461 |
| Kompakt-Wissen Grundwortschatz | Best.-Nr. 90464 |

## Deutsch

| | |
|---|---|
| Dramen analysieren und interpretieren | Best.-Nr. 944092 |
| Erörtern und Sachtexte analysieren | Best.-Nr. 944094 |
| Gedichte analysieren und interpretieren | Best.-Nr. 944091 |
| Epische Texte analysieren und interpretieren | Best.-Nr. 944093 |
| Abitur-Wissen Erörtern und Sachtexte analysieren | Best.-Nr. 944064 |
| Abitur-Wissen Textinterpretation Lyrik · Drama · Epik | Best.-Nr. 944061 |
| Abitur-Wissen Deutsche Literaturgeschichte | Best.-Nr. 94405 |
| Abitur-Wissen Prüfungswissen Oberstufe | Best.-Nr. 94400 |
| Kompakt-Wissen Rechtschreibung | Best.-Nr. 944065 |

**Natürlich führen wir noch mehr Titel für alle Fächer und Stufen: Alle Informationen unter**
**www.stark-verlag.de**

**Bestellungen bitte direkt an:**
STARK Verlagsgesellschaft mbH & Co. KG · Postfach 1852 · 85318 Freising
Tel. 0180 3 179000* · Fax 0180 3 179001* · www.stark-verlag.de · info@stark-verlag.de
*9 Cent pro Min. aus dem deutschen Festnetz, Mobilfunk bis 42 Cent pro Min.
Aus dem Mobilfunknetz wählen Sie die Festnetznummer: 08167 9573-0

Lernen · Wissen · Zukunft
STARK

21-VIT_NW